コンピュータの原理から学ぶ

プログラミング言語C

太田直哉 著

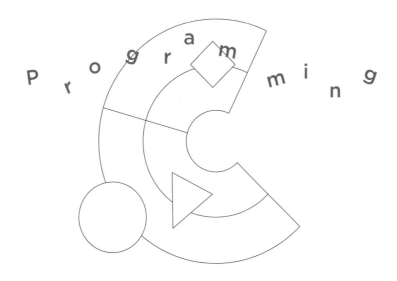

共立出版

まえがき

　本書はコンピュータの初心者が，コンピュータの構造や情報処理の原理も含めて，初めての
プログラミング言語としてC言語を学ぶときに使用する書籍である．本書を読むだけで学習
できるという意味では独習書であるが，教科書として使用するにも適するように構成した．

　本書はプロのコンピュータ技術者を目指す読者を想定している．具体的には，職業としての
プログラマーやコンピュータの研究者を目指す大学生や専門学校生，あるいは技術者である．
この目的のために本書にはいくつかの特徴がある．それを以下に述べたい．

　まずプロのコンピュータ技術者となるためには，単に何らかのプログラムが書けるというこ
とだけでは十分ではない．プログラムを書くに当たっては，コンピュータの構造と動作原理を
理解した上で，現在記述しているプログラムによってコンピュータがどのように動作し，どの
ような結果を生ずるのかを理解していなければならない．これを可能にするためには，コン
ピュータとはどのような構造になっていて，どのように動作するかを理解する必要がある．そ
のために本書ではコンピュータの構造と動作原理を第2章で学習する．C言語の各項目の説明
では，必要に応じて第2章を参照しながら，コンピュータの内部動作を説明する．

　また説明の随所にC言語という枠にかかわらない，より基本的な情報処理の原理に関する記
述があることも本書の特徴である．さらにはコンピュータのプログラミング言語という側面に
関しても，オブジェクト指向などの，C言語が開発された時点では一般的ではなかったプログ
ラミングパラダイムも念頭に置き，それに自然につながるような説明をすることによって，将
来的にC言語以外のプログラミング言語を使用する場合の基礎になるようにした．

　次は扱うC言語の項目に対することである．本書は完全なC言語の仕様を説明することを
せず，取り上げる項目は厳選した基本的なものだけに限っている．言語仕様の完全な説明を目
指すと，覚えなければならない項目の多さで初学者を疲れさせてしまうことになる．したがっ
て本書でC言語の理解のために必要不可欠な基本的事項のみを取り上げ，シンプルなプログラ
ム例を用いてそれを丁寧に説明することとした．基本的事項の正しい理解さえしていれば，多
くの付帯事項は必要に応じてそれが記述してある書籍を参照することで事足りる．C言語の
仕様を俯瞰的に解説した古典的名著として以下の本がある．

プログラミング言語 C 第 2 版 ANSI 規格準拠
B.W. カーニハン, D.M. リッチー 著, 石田 晴久 訳, 共立出版, 1995
ISBN-13: 978-4320-02692-6

　本書で説明していないより完全な C 言語の機能は, この本の対応する部分を示すことによって補足した. したがって, 可能ならば本書で学習を進めるに当たり, 上記の本を参照できるようにしていただくと望ましい. なお本書内で参照する場合, この本をカーニハンとリッチーの頭文字をとって "K&R" と表記している.

　本書の記述で使用しているコンパイラは GNU の C コンパイラである. もちろん C 言語は汎用的な言語であるので, 本書の内容はどのような C 言語の開発環境でも有効であるが, 非常に細かい部分では開発環境による違いが生じることがある. そのため, 本書は GNU の C コンパイラに準拠していることを記しておきたい. また C 言語を学ぶ際に木構造のディレクトリ構成やパイプ, リダイレクトなど Unix 由来の概念をある程度知っておくとよい. これらは現在では Linux の使い方に関する書籍で学ぶことができる. いくつかの参考文献を第 1 章の章末に「Linux の使い方」として付けたので参考にしてほしい.

　本書の構成は以下のようになっている. まず第 1 章で, プログラミング言語としての C 言語の特徴と歴史を簡単に説明した後, C 言語を学習するにあたっての環境構築について説明する. その後第 2 章でコンピュータの構造と動作について説明した後, 第 3 章で C 言語のプログラミングと, その実行のさせ方を説明する. その後の章では随時, C 言語の基本的な機能を説明していくが, 第 8 章までの内容によってある程度汎用性のあるプログラムの作成が可能になるはずである. 第 9 章以降でより多くの C 言語の機能を説明するとともに, それまでに説明した事項のより深い説明を行っている. 各章には演習問題が付随しているので, それを解くことによって理解が深まるはずである. 演習問題の解答では同一事項の繰り返しの説明をいとわず, 少々しつこいぐらい丁寧な解説を心がけてあるので, 説明事項の完全な理解をぜひお願いしたい. ただし, プログラミングを上達させるには様々な種類のプログラムを多数作成してみることが不可欠である. この目的のためには, 本書の演習問題は不十分である. 本書で新たな C 言語の項目を学んだら, その都度それまでに学んだ内容を使って実現できると考えられる様々な仕様のプログラムを考えて作成してほしい. このような自主演習を読者の皆さんにお願いしておきたい.

　本書の内容を習得した後, C 言語のより完全な機能の理解を目指す方は, 先に示した『プログラミング言語 C』(K&R) を通読することをお勧めする. この本は古典的な名著であるが初

心者向きの本ではない．しかし本書の内容を理解していれば，楽に読み進められるはずである．アルゴリズムやデータ構造など，本書では扱わなかったがコンピュータの技術者の素養として知っておくべき重要な話題が多く扱われている．ただ書かれた時代が古く，文法的には多少古い内容も含んでいる点には気を留めておいてほしい．またC++やJavaなど，C言語に由来した新しい言語を学ぶことも勧めたい．これらの言語にはC言語にないオブジェクト指向というプログラミングの方法が扱えるように設計されており，この特徴は大規模なプログラムで威力を発揮する．

　C言語のプログラミングに関する書籍はすでに多く出版されている．それにもかかわらず本書を出版する理由は，上で述べたような方針によって書かれた書籍が見当たらなかったからである．しかしながらC言語の学習者は一人ひとり個性があり，本書の執筆方針が万人に適するかどうかは分からない．しかし本書の方針を良いとする読者には，本書が優れた手引書となることを願っている．なお，本書執筆に関して共立出版編集部の天田友理氏に大変お世話になった．ここに記して感謝したい．

2021年8月

太田直哉

目　次

第 11 章　式と演算子　　　　　　　　　　　　　155

第 12 章　構造体　　　　　　　　　　　　　　　168

第 13 章　初期化　　　　　　　　　　　　　　　181

第1章

はじめに

　本章では，これから学ぼうとするC言語について，その誕生の背景やコンピュータ言語としての特徴を紹介する．そして最後に，C言語を学べるようにコンピュータをセットアップする方法について述べる．

1.1　プログラミング言語とC

　C言語をはじめとするコンピュータのプログラミング言語は，それを用いてプログラムを記述することによってコンピュータに指示を与え，思い通りの動作をさせる手段である．詳細は第2章で説明するが，本来コンピュータは機械語と呼ばれるプログラミング言語で記述したプログラムでないと実行できない．しかし機械語はコンピュータに対する大変細かい指示から構成されており，簡単な動作をさせる場合にも数多くの指示を必要として，人間には大きな負担となる．そこで少ない手間で望む指示が行え，人間にとって使いやすい言語が開発された．このような言語は機械語に対比して高級言語と呼ばれる．もちろん高級言語で書かれたプログラムも，最終的には機械語に変換してから実行しなければならない．このようにコンピュータが実行可能な機械語のプログラムに変換することコンパイル[1]と呼ぶ．この変換はそのためのプログラム[2]が開発されており，そのプログラムのことをコンパイラと呼ぶ．本書で使用して

---

[1] 英語ではcompileであり，本来の意味は「編集する」である．高級言語で書かれたプログラムを機械語のそれに変換する．

[2] ここでいうプログラムとは，一般的ユーザの言葉でいえばアプリのことである．そもそもアプリとはアプリケーションプログラムの略であるが，コンパイラもアプリの一種であると認識すれば分かりやすいかもしれない．

いるコンパイラは GNU[3] の gcc である.

　現在使われている形式のコンピュータで，世界で初めて実用に供されたものは英国のケンブリッジ大学で開発された EDSAC（エドサック，electronic delay storage automatic calculator）であるが，これが開発されたのは 1949 年のことである．一方，世界最初の高級言語である FORTRAN（フォートラン，formula translation に由来）が開発されたのは 1954 年のことで，EDSAC の登場から 5 年しか経っていない．高級言語でプログラムを書き，コンパイラで機械語に変換して実行するというプログラムの開発方法は，コンピュータが発明されてすぐに始まっている．FORTRAN は科学や工学で必要な数値演算を行うプログラムを書くのに適した言語として開発されたが，事務処理に適した言語として COBOL（コボル，common business oriented language に由来）が同時期に開発されている．これらの言語は米国で開発されたが，ヨーロッパでは用途にかかわらずコンピュータへの指示手順（アルゴリズム）が明確になるような言語として，ALGOL（アルゴル，algorithmic language に由来）がこの時期に開発されている．その後，非常に多くの高級言語が開発され，あるものは廃れ，あるものは寿命を保っている．その中でも特に FORTRAN は高エネルギー物理や宇宙開発の分野で現在でも盛んに使用されている．

　このような中にあって C 言語は 1972 年に Unix というオペレーティングシステム (OS, operating system)[4] をプログラミングするためにデニス・リッチーとブライアン・カーニハンによって作成された．オペレーティングシステムはコンピュータの動作の基礎を提供するプログラムであるから，コンピュータの隅々まで細かくコントロールできなければならない．そのことから，C 言語はコンピュータの構造と動作を意識させる言語になっている．C 言語は，コンピュータプログラミングを趣味的に体験してみるという用途には向かない言語であるが，コンピュータのプロになるためには適した言語であるのは，C 言語のこのような特徴から来ている．そのほか C 言語は，現在情報処理の分野で広く使われている C++ や Java という言語に直接つながることも利点である．

---

[3] リチャード・ストールマンによって 1983 年にはじめられたプロジェクトで，コンパイラをはじめとする様々なソフトウエアを無償で提供している．GNU はグヌーと読む.

[4] コンピュータの基礎的な動作を司るプログラム．通常のパソコンは Windows，Apple 社の Mac は MacOS というオペレーティングシステム使用している．詳細は 2.3 節「オペレーティングシステム」で説明する.

1.2 プログラミング環境

　C言語を学習するには，C言語のプログラムを作成して実行できるようにコンピュータを整えなければならない．このようにすることをプログラムの**開発環境を整える**と表現するが，本節ではC言語の開発環境の整備について説明したい．しかしながらこの情報を書籍で説明するには問題が多い．その理由は情報がすぐに古くなってしまうからである．本書では，プログラム開発の標準的な環境としてUbuntu(ウブントゥ)を想定しているが，Ubuntuは半年ごとにバージョンアップされ，インストール方法や使い方が少しずつ異なってくる．書籍ではこれに対応して，半年ごとに改訂することは不可能である．そこで本節では概略の情報を示すに留める．具体的なインストール法やソフトウエアの細かな使い方はインターネットや，毎月発行されるコンピュータ雑誌などを参照のうえ，対処願いたい．また身近にコンピュータの先生や専門家がいる場合には，ぜひその方々の力を借りてほしい．

　上でも述べたが，本書で推奨する標準的なコンピュータ環境はUbuntuである．UbuntuはWindowsやMacOSに類されるオペレーティングシステムの1つ[5]である．Ubuntuは無償で利用できる．本書執筆時の日本語のホームページは

https://www.ubuntulinux.jp/

にある．ここからソフトウエアもダウンロードでき，インストールに関する情報もある．Ubuntuをコンピュータへインストールするときには，Windowsと並列にインストールすることができる．ここでの並列とは，WindowsとUbuntuとを両方インストールしておき，コンピュータを起動する際にどちらのOSを実行するかが選べるということである．

　Ubuntuをインストールしたら，**端末**というプログラムを実行する必要がある．端末はC言語のプログラムをコンパイルしたり実行したりするために，文字(コマンド)をしたり，プログラムからの出力を表示したりするアプリケーションである．アプリケーション検索画面で「端末」あるいは「term」と入力すると検索できる．

　本書で標準として使用するC言語コンパイラはgccである．Ubuntuをインストールしただけではgccはインストールされていないので，これをインストールする．端末で

---

[5] 少々ややこしいが，UbuntuもOSの中心部分はLinuxと呼ばれるソフトウエアである．しかしLinuxだけではコンピュータを有効に利用するには不十分で，それ以外の多くのソフトウエアを必要とする．これらを一緒にセットしたものをLinuxのディストリビューションと呼んでいる．Linuxのディストリビューションは多数あり，Ubuntuはその1つである．しかしながら広い意味ではUbuntuもOSと呼ばれることが多い．

```
$sudo apt install build-essential
```

と入力するとインストールされる.

　次はC言語のソースプログラムを作成するためにエディタが必要である.エディタとは,C言語の文字を入力していくワープロソフトのようなものであるが,Ubuntuではgeditというプログラムがほぼ標準になっている.これをインストールするには,同じく端末で

```
$sudo apt install gedit
```

とタイプする.geditの他にEmacsというエディタも古くからよく使われている.本書の例ではEmacsを使っている.Emacsのインストールも,geditと同じように端末で

```
$sudo apt install emacs
```

と入力する.エディタとしてgeditかEmacsのどちらか一方あればよいが,両方インストールしても問題はない.エディタの実行は端末で,geditの場合は

```
$gedit &
```

Emacsの場合は

```
$emacs &
```

と入力する.エディタ名の後のアンパサンド(&)は,エディタを使用中にも端末が使用できるようにする記号である.

　以上では,Ubuntuを用いてプログラミング環境を構築することを説明したが,UbuntuというOSを利用せず,Windowsの中にgccなどをインストールする方法もある.これにはMinGWというソフトウエアを使用する.2021年6月の本書執筆時点では

　　https://sourceforge.net/projects/mingw/

からMinGWをインストールするためのマネージャとなるプログラムがダウンロードできるので,これをダウンロードして実行する.この状態ではまだMinGWはインストールされておらず,MinGWのソフトウエアを管理するプログラムがインストールされたのみである.そこでこのインストールマネージャを実行し,インストールするパッケージを指定する画面で

　　mingw-developer-toolkit-bin
　　mingw32-base-bin

mingw32-gcc-g++-bin

msys-base-bin

の4つにチェックを入れてインストールする．これで MinGW のソフトウエアがインストールされる．

　Windows 環境での端末として，コマンドプロンプトや PowerShell が利用できるが，上でインストールした MinGW には C 言語コンパイラーと共に端末のプログラムも含まれている．

C:\MinGW\msys\1.0\msys.bat

を実行すると MinGW の端末が現れる．

　MinGW の環境では，エディタとしては Windows のアプリケーション，たとえば「メモ帳」が使える．しかし Windows で動作する Emacs も開発されていて，

https://www.gnu.org/savannah-checkouts/gnu/emacs/emacs.html

からインストーラがダウンロードできる．Emacs は初心者には取っつきがたいかもしれないが，慣れれば C 言語のプログラムを書くには「メモ帳」よりずっと使いやすい．

　以上が C 言語の開発環境を構築するための情報である．もう一度述べるが，これだけで実際にプログラムをインストールして環境を整えるには不十分であろうし，また URL などは古くなっているかもしれない．上で説明したプログラム名などをキーワードとしてインターネットで検索したり，書籍を当たれば多くの新しい情報が得られるはずである．また身近に詳しい先生や先輩がいれば聞くなどして，開発環境を整えてほしい．

参考文献

Linux の使い方

[1]　Linux＋コマンド入門，西村めぐみ 著，技術評論社，2021，ISBN-13:978-4297120245.

[2]　新しい Linux の教科書，三宅英明，大角祐介 著，SB クリエイティブ，2015，ISBN-13:978-4797380941.

Ubuntu のインストール

[3]　日経 Linux，日経 BP (隔月出版される雑誌).

[4]　Ubuntu スタートアップバイブル，小林準 著，マイナビ出版，2018，ISBN-13:978-4839964863.

Emacs の使い方

[5] 改訂新版 Emacs 実践入門，大竹智也 著，技術評論社，2017，ISBN-13:978-4774192352.

[6] 入門 GNU Emacs 第3版，デボラ・キャメロン，ジェイムズ・エリオット 他 著，オライリー・ジャパン，2007，ISBN-13:978-4873112770.

第2章
計算機の構造と動作

　本章では一旦 C 言語から離れて，計算機，すなわちコンピュータの構造と動作の基礎を学んでおく．結局のところ C 言語を含むプログラムはコンピュータに対する動作指示の集まりであり，コンピュータ自体がどのような構成になっていてどのように動作するかに対する十分な理解がないと，プログラムに対する理解も浅いものとなる．特に C 言語はコンピュータのハードウエア[1]をプログラマーに比較的意識させる言語であるので，なおさらである．

　本章ではまず 2.1 節でコンピュータを構成する主要部分について説明し，それらがどのようにつながっているかを解説する．その後 2.2 節，2.3 節でそれらがどのように協調して情報の処理を行っていくかを解説する．ここでの説明に使用したコンピュータは非常に単純化した仮想的なコンピュータであるが，コンピュータの基本的な構造と動作を理解するには十分なものである．

2.1　計算機の構造

　まずコンピュータ構造から学習しよう．パソコンの内部を開けてみても電子部品の載った板や金属の箱が見えるだけで，何がどうなっているかはよく分からないが，内部構造を整理して書くと図 2.1 のようになっている．デスクトップパソコンの場合，一般に破線の内側が本体の内部であり，その外側の機器は本体とは別に用意する．そしてコードなどで本体に接続する．以下にこの図のそれぞれの部分を説明していこう．

---

[1] ハードウエア (hardware) とは電子回路の集まりであるコンピュータという物体そのもののことで，プログラムなどのソフトウエア (software) に対比される概念である．ソフトウエアはコンピュータへの動作指示に関する情報であって，物理的な実体ではない．

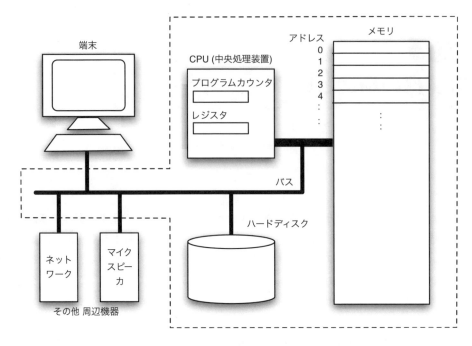

図 2.1　計算機の内部構造

2.1.1　CPU

　図 2.1 の中央上の部分に **CPU** がある．CPU とは central processing unit の略で，日本語では中央処理装置と訳される．これこそが計算機の中枢部で，様々な計算や情報処理をここで実行する他，計算機全体の制御を行う．パソコンに関する話で Intel(インテル) の core i7 であるとか，AMD の Ryzen 7 だとかいう言葉を耳にしたことがあるかもしれない．この core i7 や Ryzen 7 がそのコンピュータで使われている CPU の名前で，Intel や AMD はそれを製造しているメーカーの名前である．CPU は計算機の中枢であるので，それによってパソコンの性能がほぼ決まってしまうため，CPU は重要なこととして話題に上がるわけである．

　実際の CPU の内部構造は大変複雑であるが，ここではまず知っておかなければならない部分としてプログラムカウンタ (program counter) とレジスタ (register) が描かれている．これらは数字を入れておける内部装置だが，これらがどのように使われるかは 2.2 節「計算機の動作」で説明する．

まとめ

- CPU はコンピュータの中心であり，演算やコンピュータ全体の制御を行う．
- CPU にはプログラムカウンタとレジスタと呼ばれる，どちらも数字を記録しておけるデバイスがある．

2.1.2 メモリ

　計算を理解する上で CPU の次に大切なのがメモリ (memory) である．メモリは図 2.1 の右にある．この装置のメモリという名前は，英語の「覚える」という意味の単語に由来している．このことから分かる通り，メモリはたくさんの数字[2]を「覚える」装置である．ただしこれは擬人的な表現で，通常の表現をすればたくさんの数字を書き込んで保持しておける装置ということである．イメージとしてはとても細長いホワイトボードのような物を考えればよい．そこにマーカーで数字を書いて，記録しておくことができる．しかし電子回路でできているので，電源を切ると記録は消えてしまう．

　メモリで特徴的な点はメモリのどの部分かを指定するための番号が振られていることである．図 2.1 ではメモリの左側に 0 から始まる番号が書かれているが，これがその番号である．メモリは広いのでメモリ内での場所を指定するのにこの番号を用いる．たとえばメモリの 10 番の場所に数字 100 を記入し 11 番の場所に数字 200 を入れる，などのように使用する．

　このメモリ内の位置を指定する番号のことをアドレス (address) と呼んでいる．アドレスという言葉の英語の元々の意味は「住所」だが，ここでの使用法はメモリの内部を街になぞらえて考えられたものである．街の中の位置を指定するのに住所をいえばよいが，メモリの中の位置を指定するにもアドレスという名前の番号を指定すればよいということである[3]．なお，アドレスのことを日本語で番地と呼ぶことも一般的である．

　メモリ内のアドレスあるいは番地を表す数字をいうときには，最後に「番地」を付ける．たとえば上の例は「メモリの 10 番地に 100 を入れ，11 番地に 200 を入れる」のように表現する．

まとめ

- メモリは数字を記録しておけるセル (区画) が多数並んだ装置である．

---

[2] ここではメモリに書いておける内容を数字としたが，文字などの数字以外のものは書き込めないのかというと，そういうわけではない．しかし差し当たり書き込めるのは数字としておく．他のデータをどのように書き込むかは 2.2.5 項で説明する．

[3] 日本では番地が位置的に順番に並んでいることはまれであるが，アメリカでは番地として道の片方には奇数，もう片方には偶数の番号が振られ，順番に並んでいることが多く，メモリのアドレスのイメージに近い．

- メモリの各セルにはアドレスと呼ばれる番号が振られており，アドレスでセルの位置を指定する．アドレスは**番地**とも呼ばれる．
- メモリ上の情報はコンピュータの電源を切ると消えてしまう．

2.1.3　ハードディスク

　次の構成要素は図 2.1 の中央下にあるハードディスク (hard disk) である．図 2.2 に示すように，ハードディスクの中には表面に磁気的に情報を記録できるプラッタ (platter) と呼ばれる円盤があり，これが高速で回転している．プラッタの上にはヘッドと呼ばれる部品が置かれており，ヘッドが情報を記録したり，記録した情報を読み出したりする．ヘッドはプラッタの円周方向に移動できるようになっており，記録位置を変えることでプラッタ上の広い領域を利用する[4]．このハードディスクもコンピュータ内の機能としては，メモリと同様にたくさんの数字[5] を書き込んで保持しておける装置である．

　メモリが多くの数字を記録しておけるのに，それとはまた別にハードディスクがあるのは次の 2 つの理由による．1 つはメモリは計算機の電源を切ると，記録してある内容 (データ) がなくなってしまうためである．しかしハードディスクに記録した内容は電源を切ってもなくならない．そのため電源を切る前に，メモリの中の必要な内容をハードディスクに移してから電源

ヘッド

プラッタ

図 2.2　ハードディスクの構造

---

[4]　近年このような構造のハードディスクの代わりに半導体を利用した SSD (solid state drive) が利用されることが多くなったが，ここでは古典的なハードディスクについて説明している．

[5]　メモリと同様ハードディスクも数字以外のものも書き込めるが，差し当たり数字としておく．

を切ることをする．ハードディスクが必要なもう一つの理由は，メモリがたくさんの数字を記録できるといっても，ハードディスクに比べれば少ないためである．計算機の一般的な使用で，データの保存場所としてメモリだけを使用していたのではすぐにいっぱいになってしまう．そこで差し当たって使用しないデータはハードディスクに入れておく．通常ハードディスクはメモリの1000倍程度のデータを記録できる．

　さてそれでは逆の疑問として，なぜハードディスクだけではだめかということである．メモリもハードディスクも多くの数字を記録しておくものだが，ハードディスクには，電源を切っても内容が消えない，記録しておけるデータの量が多いというメモリより優れた点がある．それならばデータを記録する装置としてハードディスクだけでよいように感じるが，それではだめな理由は記録するときの速度である．メモリもハードディスクもデータを書き込んだり取り出したりする必要があるが，この速度がハードディスクはメモリよりもずっと遅い．そのためハードディスクだけで計算機を構成すると，データを処理する速度がとても遅くなってしまう．それで処理すべきデータはメモリにもってきてから処理を進め，結果が出たらそれをハードディスクに格納するという使い方をするのである．

まとめ

- ハードディスクはプラッタと呼ばれる円盤の上に磁気的に情報を記録するデバイスである．
- ハードディスクはメモリに比べてより多くのデータを記録でき，コンピュータの電源を切っても記録された情報は消えないが，メモリよりも情報の読み書きの速度が遅い．

2.1.4　端末

　端末 (terminal) とは聞き慣れない言葉かもしれないが，簡単にいえばキーボードとディスプレーのことである（図2.1の左上）．コンピュータが様々な処理をして結果を得ても，それを人間に提示する方法がなければ意味がない．また人間が処理してほしいデータを計算機に入力する手段もなければならない．これらのことを行うのがキーボードとディスプレー，すなわち端末である．

　それではなぜこれらの機器を端末と呼ぶのか，それはCPUから見て末端の位置にあるからである．計算機の構造からいえばCPUが最も中心的部分で，その次がメモリである．そう考えるとキーボードとディスプレーはCPUから考えて遠くにあって，その先には何もつながれ

ていない[6]．そのため，情報工学の分野では伝統的にこれらの装置は端末と呼ばれている．

なお，ここでは端末はキーボードとディスプレーと説明したが，端末という言葉でプログラムを意味する場合もある．第1章あるいは第3章以降ではこの意味で使用している．この理由についてはコラム 6.1 を参照されたい．

まとめ

- 端末とはキーボードとディスプレーからなる装置で，コンピュータと人間との接点となるデバイスである．

2.1.5　周辺機器

たとえばパソコンを見てみれば分かる通り，計算機にはここまでに説明しなかった色々なものを付けることができる．パソコンにはスピーカやマイク，カメラが付いているかもしれない．またインターネットに接続するためのネットワーク端子もあるだろう．情報工学の分野では，これらのものを総称して**周辺機器** (peripheral device) と呼んでいる．なお，上で説明した端末も周辺機器の一つに位置づけられる．

パソコンを使う立場からすれば，コンピュータの中身がどうというよりも，周辺機器としてどのようなものが付いているかの方が重要かもしれない．しかしコンピュータの基本動作を理解する場合には，周辺機器は重要ではない．基本動作に関係しないからである．ということで，ここでは周辺機器の代表として端末だけを紹介し，その他の周辺機器については省略する．

さて，ここで述べた機器をなぜ周辺機器というかはお分かりであろうか．端末のところで説明したことと同様である．計算機の中心はあくまでも CPU である．CPU から見て，メモリやハードディスクのさらに向こう，周辺に配置される機器だからである．

まとめ

- 端末やネットワーク装置のように，CPU から見て比較的遠い位置にあって外界と情報のやり取りをする装置を総称して周辺機器と呼んでいる．

2.1.6　バス

以上，コンピュータを構成する各要素を順番に説明したが，これらが情報をやり取りできるようにつながれていなければ計算機は動作しない．これらを接続している結線のことをバス

---

[6] キーボードとディスプレーの先にいるのは人間である．情報をやり取りするという意味ではつながっていると考えられるが，電気的には何もつながっていない．

(bus) と呼んでいる．コンピュータの各部分はバスを通じて情報をやり取りし，処理を進める．

この接続線がバスと呼ばれる理由は，英語のオムニバス (omunibus) に由来する．オムニバスとは様々な種類のものが混在しているものを表す．自動車のバスも，自家用車のように乗る人が限定されておらず，不特定多数の人が利用できるのでバスという．コンピュータのバスも，様々な装置間の通信を担っている．この理由ゆえにバスと呼ばれる．

まとめ

- コンピュータを構成する各部品をつなぎ，それを用いて情報のやり取りが行われる接続がバスである．

2.2 計算機の動作

前節で計算機の構成を説明したが，これがどのように動くか，すなわち計算機を構成する各部分がどのように動作して情報を処理するかをここで説明する．

2.2.1 プログラム

2.1.1 項でも説明した通り計算機を制御し計算を進めるのは CPU であるが，CPU の動作はプログラム (program) によって指定される．プログラムとは，CPU がどのような動作を行ったらよいかの指令を集めたものである．これでは抽象的すぎるので，もう少し具体的に説明しよう．

実行すべき仕事としてここで 100+200 の計算を考えてみよう．この計算をするためには，まず被演算数（計算される数である 100 と 200 のこと，オペランド (operand) ともいう）がどこかになければならないが，ここでは簡単のためにこれらの数字はすでにメモリに入っていることにしよう．メモリの 10 番地に 100 が，11 番地に 200 が入っている．次に答えを入れるところが必要だが，これは 12 番地にしよう．すると CPU に対して，10 番地の内容 (そこに書いてある数字のこと) と 11 番地の内容を足してその結果を 12 番地に書き込むという指令を与えればよいのだが，普通はこれを一度に行う指令がない．そこで存在する指令を組み合わせて仕事を達成することにする．ここでは指令として次の 3 つが使えることにしよう．

指令の種類	動作の説明
指令 1	指定された番地のメモリの内容をレジスタにコピーする
指令 2	レジスタの内容を指定された番地のメモリにコピーする
指令 3	指定された番地のメモリの内容とレジスタの内容を加えてレジスタの新たな値とする

なお，ここで出てきたレジスタとは2.1.1項で説明したCPU内部の装置で，一時的に数を書いておけるものである．さてこれらの指令を組み合わせて目的を達成する．それには次のように指令を組み合わせ，CPUに順番に実行させればよい．

> ステップ1:　10番地を指定して指令1を実行
> ステップ2:　11番地を指定して指令3を実行
> ステップ3:　12番地を指定して指令2を実行

ステップ1で数字の100がレジスタに書き込まれ，ステップ2でそれに200が加算されてレジスタの内容が300になり，ステップ3で300が12番地のメモリにコピーされる．これで100+200の計算が終了した．

　計算機はこのように指令を順番に実行することで動作するが，この指令のまとまりのことをプログラムという．また個々の指令のことを命令 (instruction) と呼んでいる．ここでまとめると，CPUが一度に実行できる動作の指令のことを命令といい，命令を組み合わせて目的の動作をさせるようにしたものをプログラムという．なおこのプログラムはC言語のようなプログラミング言語で書かれたものではなく，コンピュータが直接実行できる命令を組み合わせたものであるが，一連のコンピュータへの指示をまとめたものという意味で，C言語のプログラムと同じ概念である．このようなCPUが直接実行できる命令のことを**機械語** (machine language) と呼んでおり，それらによるプログラムは機械語のプログラムなのである．

　以上の説明はもちろん原理を説明したものである．実際のCPUで使える命令が3つだけということはない．通常は数十から数百程度の命令が使える．その中には足し算だけでなく加減乗除全ての演算があるし，周辺機器を制御する命令もある．これらを使ってハードディスクのデータを読み書きしたり，ディスプレーに文字を出したり，キーボードから文字を読み込んだりできる．なお命令はCPUの種類に固有のもので，CPUが異なれば使用できる命令も異なるのが普通である[7]．

まとめ

- CPUへの指示を集めたものがプログラムである．
- CPUへの指示は命令によって行われる．CPUが直接実行できる命令の集合が**機械語**である．
- 計算を行う命令で，計算を行う対象の数値のことを**被演算数**または**オペランド**という．

---

[7] Windowsが動作するパソコンに入っているIntelとAMDのCPUは，例外的に同じ機械語の命令が実行できるように設計されている．

2.2.2　プログラムの格納場所とその実行

　計算機はCPUによって制御されていること，CPUはプログラムに含まれる命令を一つず
つ順番に実行することによって動作することを説明したが，図2.1を見ても，プログラムを入
れておく装置がない．それではプログラムはどこに置いておくのだろうか．その答えはメモリ
である．メモリはデータを入れておくところと説明したが，データばかりでなく，プログラム
もメモリに格納する．また，メモリは数字を記入する装置と説明した．数字ではない命令も入
れておけるのはおかしいと思うかもしれないが，これについては2.2.4項で説明する．

　それでは上で説明した100+200の計算のプログラムをメモリに入れた状態で，その動作を
もう少し実際に即した形で説明するが，その前に命令の表現を工学的にしておこう．情報工学
では機械語の各命令を表すのにニーモニック (mnemonic) と呼ばれる略号を使用する．ここで
もこの表記法を採用する．また「指定された番地」という表現を，番地を表す変数nを使って
「n番地」と表現する．すると，2.2.1項で指令1，2，3と記述した命令は以下のようになる．

命令の種類	ニーモニック	動作の説明
命令1	LD n	n番地のメモリの内容をレジスタにコピーする
命令2	ST n	レジスタの内容をn番地のメモリにコピーする
命令3	AD n	n番地のメモリの内容とレジスタの内容を加えてレジスタの新たな値とする

　上の表で2列目に書かれている記号[8]がニーモニックで，その欄のnは実際には数字にな
る．たとえば「LD 10」とすれば「10番地のメモリの内容をレジスタにコピーする」命令を表
す．先に説明したプログラムをニーモニックで表せば以下のようになる．

```
ステップ1:  LD 10
ステップ2:  AD 11
ステップ3:  ST 12
```

　さてこのプログラムをメモリに入れるが，入れる場所は20番地からにしよう．するとメモ
リは図2.3の状態になる．次にこのプログラムをCPUが実行する手順を説明する．実行に当
たって重要な働きをするのがCPU内部にあるプログラムカウンタである．これは先の説明で
は数字を入れておける装置と説明したが，これが保持している数字が現在実行している命令の

---

[8]　LDはload，STはstore，ADはaddを表す記号として選んだ．

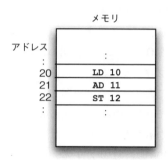

図2.3　プログラムを記録したメモリの状態

アドレスになる．すなわち，プログラムカウンタに20を入れる．そうすれば，20番地に書かれている命令の「LD 10」が実行され，メモリの10番地に書かれている数字の100がレジスタに取込まれる．一つの命令の実行が終わると，CPUは自動的にプログラムカウンタの内容を1だけ増すように作られている．今，その内容が20であったので次には21になる．そのようにした後，命令の実行を続ける．今度はプログラムカウンタの内容が21になっているので21番地の命令を実行する．すなわち「AD 11」である．これで11番地の内容200がレジスタに加算され，答えの300がレジスタに残る．これが終わればさらにプログラムカウンタが1増やされて22になる．そして命令「ST 12」が実行され，レジスタにある300が12番地のメモリに書き込まれ，このようにしてプログラムが実行される．

まとめ
- プログラムもデータと同様メモリに格納される．
- 機械語の命令に，人間に分かりやすくするために付けた名前のことをニーモニックと呼ぶ．

2.2.3　CPUの命令実行サイクル

前項まででCPUがメモリに格納されたプログラムを実行する様子を説明したが，ここではこれをまとめておこう．CPUは次の動作を繰り返してプログラムを実行していく．

(1) 命令のフェッチとデコード
(2) 命令の実行
(3) プログラムカウンタを1つ増やして(1)へ

まず(1)で命令のフェッチとデコードを行う．フェッチ (fetch) とはプログラムカウンタの内

容が示すアドレスのメモリから，そこの命令を CPU にもってくることである．さらに具体的
にいえば，該当するメモリに書かれているのは何の命令であるかの情報を，バスを通じて電気
的に CPU に取込むということである．次は命令のデコード (decode) である．命令のフェッ
チによって命令の情報が CPU にやってきたとしても，その情報を解読し，指示された動作を
実際に行うにはそのための準備が必要になる．この作業が命令のデコードである．これらの作
業が終わると (2) で目的の動作が実行 (execute) される．これが終われば (3) でプログラムカ
ウンタを 1 だけ増やし，(1) からの動作を繰り返す．この (1) から (3) までの一連の動作をマシ
ンサイクル (machine cycle) と呼んでいる．

　以上のようにして，CPU はメモリに並んでいる命令をその順番に実行していくが，このよ
うにしてメモリの終わりまで実行を進めるかというと，そんなことはない．命令の中にはジャ
ンプ命令 (jump instraction) と呼ばれる種類の命令があって，それはプログラムカウンタを 1
だけ増やすのではなく，プログラムカウンタに特定の数字を書き込むことによって，実行する
命令の場所をたとえば前の方のアドレスに移す．また CPU を停止する命令もある．これらの
命令を使って様々な実行順序をもったプログラムを作れるのだが，これ以上のことは本書で必
要な入門の領域を超えるし，ここで説明したような仮想のコンピュータではなく，実際のもの
を用いて学習を行った方が有益なので，本書ではこれ以上の詳細には立ち入らない．

まとめ

- CPU による機械語の実行は，(1) 命令のフェッチとデコード，(2) 命令の実行，(3) プログ
  ラムカウンタへの 1 の加算，という動作の繰り返しで行われる．

2.2.4　命令の数値による表現

　2.1.2 項のメモリに関する説明で，メモリとは数字を記録する装置だと説明したが，その後
でプログラムも記録できると述べた．これは矛盾ではないかと思うかもしれないが，その種明
かしは簡単で，命令を番号で表現しているだけである．先に説明した 3 つの命令でこれを行っ
てみると次のようになる．

　まず LD は 1 番，ST は 2 番，AD は 3 番と番号付けし，これらの命令をこの番号で表現する．
さらにこれらの命令にはどのメモリに対して操作を行うかを指定する数字，すなわち処理対象
のメモリのアドレス n が必要である．この数字のために 1 と 10 の桁を利用することにする．
そして 100 の桁を命令のための桁とすれば，命令の数による表現ができ上がる．すなわち「LD
10」は 110 になり，「ST 20」は 220 になる．これを利用して，図 2.3 のプログラムは次のよう
にメモリに格納されることになる．

アドレス	内容
20	110
21	311
22	212

先の CPU の動作の説明で，命令のフェッチの後デコードという作業が必要であると述べた．なぜデコードが必要かはこれで何となく理解していただけるのではないであろうか．実行すべき命令の情報としてバスを通してメモリから CPU にやってくるのはこの数字である．上の例では，たとえば20番地ならば110という数字がやってくる．これを 100 の桁と 10 以下の桁に分解し，100 の桁の数値からそれが番号1番の命令 LD であることを突き止め，その実行の準備をするには少し作業をしなければならない．この作業が命令のデコードと呼ばれる作業なのである．

まとめ

- 機械語の命令に番号を付け，その番号をメモリに格納する．これによりプログラムがメモリに格納可能になる．

2.2.5　文字データなどの表現

前項で命令をメモリに格納するのに，命令に番号を付け，その番号をメモリに書いておくことを述べた．この原理はコンピュータで数字以外のデータを処理するときにいつでも使われる．たとえば文字を扱うときには文字に番号をつけ，その番号を使って文字データを表し，メモリに格納するときにもその番号を使用する．実際の例では英文字の A の番号は 65，Z の番号は 90 である．もちろん英文字ばかりでなく日本語の文字にも番号がついている．

この原理によって，数字で表せるものならば何でもコンピュータで処理できるようになる．たとえば音楽ならば音の波形を数字で表して処理できるし，画像ならば画像を構成する各部分の明るさを数字で表して表現する．はじめは数値の計算を行う機械として生まれたコンピュータだが，このように番号化することによってあらゆる種類の情報を処理できるようになり，ICT 技術の中枢の装置になった．

なおこれまでの説明で少し注目してほしいことは，メモリの内容はどのような情報を表しているにせよ，数字であることである．たとえば前述のプログラムで，メモリの 20 番地に入っているのは110という数字である．しかし CPU のプログラムカウンタが20になって，この部分をプログラムの命令であるとして CPU に取込んだときにそれが「LD 10」という命令であると解釈される．もしメモリ 20 番地の内容をデータとして取込めば，それは 110 という数字の

ままである．このようにメモリ上の数字は命令として使われるか，データの数値として使われるか，あるいは文字を表していると考えて使われるかで意味が異なって解釈される．この視点は重要であるので，しっかりと理解してほしい．

まとめ

- 文字などの数値以外の情報も，それぞれに番号を付けることによってコンピュータで処理可能になる．

2.3 オペレーティングシステム

計算機でのプログラムの実行に関する説明に戻ろう．コンピュータはCPUがメモリに格納されたプログラムの命令を一つ一つ順番に実行することで動作することを説明した．しかしそのプログラムは普段はどこへ入れておくのであろうか．普段というのはそのプログラムを実行しないときである．ずっとメモリに置いておけば，他のプログラムを実行するときには邪魔になるし，計算機の電源を切ればプログラムも消えてしまう．そのため，普段はプログラムをハードディスクに入れておき，それを実行するときにだけメモリにもってくるということを行う．

さてそれでは，ハードディスクにあるプログラムをメモリ上にもってきて実行を開始するという作業は，何か特別な機構によって行われるのであろうか．そうではない．これもプログラムによって行われる．先に説明したように，プログラムの内容は結局数字であるからハードディスクに入れておくこともできるし，それをデータとして読み出してメモリに配置することもプログラムによって行うことができる．事実，これを行うプログラムが常にメモリの上にあって，実行すべきプログラムがあればそれをハードディスクからメモリへコピーして実行する．このプログラムが **OS** またはオペレーティングシステム (operating system) と呼ばれているプログラムである．具体的に例を挙げればWindows(ウインドウズ)，Linux (リナックス)，Mac OS(マックオーエス) などが皆オペレーティングシステムである．

オペレーティングシステムも初めはハードディスクに入っているが，計算機の電源を入れるとすぐにメモリにコピーされる．もちろんこの段階では，オペレーティングシステムをメモリにコピーするプログラムはないので，そのための特別な機構が必要で，計算機はそれを備えている．なおオペレーティングシステムがメモリにコピーされ，実行を始めるまでの過程のことをブートシーケンス (boot sequence) と呼ぶ．オペレーティングシステムがメモリに書き込まれれば，それによって他のプログラムをハードディスクからメモリにコピーして実行することができるようになる．

　オペレーティングシステムの仕事は他のプログラムをハードディスクからメモリへもってき
て実行することだけではない．たとえば端末のディスプレーに何かを表示したり，キーボード
に打たれた文字を読み込んだりすることもオペレーティングシステムが行う．またこれまで
の説明ではプログラムは 1 度に 1 つだけしか実行できないように感じるかもしれないが，コ
ンピュータは同時に 2 つ以上のプログラムを実行できる．たとえば Windows のパソコンで
はワープロソフト (たとえば Word) とウェブブラウザ (たとえば Edge) を同時に実行できる．
これらはそれぞれが一つのプログラムだが，オペレーティングシステムがタイムシェアリン
グ (time shearing) という技術によってそれらの実行を非常に短い時間帯で切り替え，人間に
とっては同時に実行しているように見せている．その他にもオペレーティングシステムは様々
な仕事をするが，これ以上の詳細についてはオペレーティングシステムの技術として独立して
学んでほしい．

　コンピュータが誕生した頃にはオペレーティングシステムはなかった．そのためプログラ
マーは何から何まで自分でプログラムを書かなければならなかった．たとえばキーボードから
文字を入力するにしても，ディスプレーに文字を表示するにしても，そのプログラムを自分で
書かなければならなかった．しかしこのようなことはどのようなプログラムでも行うことであ
る．他のプログラマーも同じプログラムを苦労して書いているので，その部分を独立させてメ
モリに常駐させ，共通で利用した方がずっと効率的である．これがオペレーティングシステム
の始まりである．それから計算機を使いやすくする様々な機能が付加され，今日オペレーティ
ングシステムと呼ばれているプログラムとなった．

まとめ

- ハードディスクに入っているプログラムをメモリに移し，実行を開始させるのはオペレー
  ティングシステムというプログラムである．
- オペレーティングシステムは他のプログラムを実行させる役割を担っているだけでなく，
  タイムシェアリングなどの技術を使って同時に複数のプログラムを実行させることを可能
  にするなど，コンピュータの動作の基礎を提供している．
- オペレーティングシステムはコンピュータが動作している時は常にメモリ上にあって，コ
  ンピュータ全体を制御している．
- コンピュータに電源が入れられたとき，オペレーティングシステムをメモリ上に移動して
  動作させるプロセスが必要である．これをブートシーケンスと呼んでいる．

コラム 2.1　世界初のコンピュータ EDSAC

　本章で説明したような，CPU とメモリをもち，メモリの中にデータと共にプログラムも格納しておく形式のコンピューターのことをプログラム内臓方式 (stored program) のコンピュータと呼ぶ．この方式のコンピュータで世界で初めて実用的[a]に使用されたのは，1949年にイギリスのケンブリッジ大学で開発された EDSAC(エドサック) というコンピュータである．このコンピュータが現在のコンピュータの直接的な先祖であるといってよい．EDSACには約 3000 本の真空管が使われ，図 1 のように大きな棚がいくつも連なった大きさがあった．消費電力は 12kW であった．

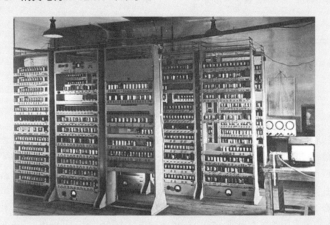

図1　EDSAC 本体 (左) と水銀遅延線 (右)
　　　(ケンブリッジ大学 EDSAC99, https://www.cl.cam.ac.uk/events/EDSAC99/ より)

　EDSAC の名前の由来は electronic delay storage automatic calculator の頭文字で，これを日本語に訳してみれば「電子遅延記憶自動計算機」となる．「自動計算機」という部分は，当時計算は人間が行っていたので電子的に自動で行うという意味で当を得ている．「電子」という部分も真空管は電子デバイスなので適当な名前である．しかし「遅延記憶」という部分は何であろうか．この部分が EDSAC でプログラム内臓方式を可能にした特徴的な部分なのである．

　「遅延記憶」とは記憶装置 (メモリ) に水銀遅延線 (mercury delay line memory) を使っているという意味である．水銀遅延線とは図 1 右の写真のようなもので，その構造は図 2 のように水銀を満たした管の両端に圧電素子 (電気信号を機械的なパルスに変換したり，その逆を行う素子) が取り付けられている．管の一方の圧電素子に電気的信号を入れると，圧電素子により機械的なパルスが発生し，それが水銀の中を伝わっていく．そのパルスは他方の端へ到達すると，その端の圧電素子が電気パルスに変換するが，その信号を増幅してもう一方の端の圧電素子に戻して再び加えると，水銀管の中をパルスが循環する．この装置に時間的に一定間隔でパルスがあるかないかの信号を発生させて加えれば，パルスの有無が循環することになるが，このパルスの有無をメモリの内容とする形で，装置をメモリに利用できる．EDSAC は

これをメモリとして使用したため「遅延記憶」が名前に入っている．なお水銀遅延線は第二次世界大戦で敵の航空機を電波によって探知するレーダーの開発から生まれた装置で，レーダでは対象で反射して帰ってくる電波の時間を計測するために使われた．

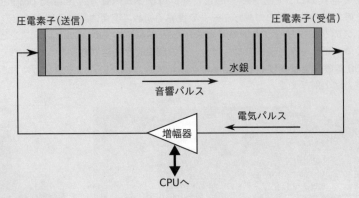

図2 水銀遅延線の原理

　EDSACは水銀遅延線をメモリに使うことでプログラム内臓方式が可能になった．それまではメモリに使用できるだけ多数のデータを記憶でき，なおかつ電子回路での演算に匹敵するスピードで動作するデバイスがなかったからである．メモリの一つのセルはレジスタであるからもちろん真空管でも実現できるが，一つのセルに少なくとも十数本の真空管が必要になる．メモリのセルの数を1000程度とすると一万数千本の真空管が必要になる．当時これは非現実的であった．世界初の実用的[b]な純電子式コンピュータは1946年にEDSACに先んじて開発されたENIAC(electronic numerical integrator and computer)であるが，全てを真空管で構成したためにメモリを作ることができず，プログラム内臓方式ではなかった[c]．

---

[a] 実用的なコンピュータとして世界初としたのは，マンチェスター大学で開発されたマークⅠというプログラム内蔵方式のコンピュータがほんの少し早く完成したからである．しかし現代のコンピュータにつながる様々な技術の礎を作ったのは，やはりEDSACである．

[b] これもEDSACの場合と同様，電子的に計算を行う実験的なコンピュータはENIAC以前に作られていた．

[c] 正確に言うとプログラム内臓方式はENIACを開発する過程で考案されたので，ENIACを設計する時点では，プログラム内臓方式にする検討がなされたわけではない．

参考文献

コンピュータの構造

[1] コンピュータアーキテクチャ (電子情報通信レクチャーシリーズ), 坂井修一 著, 電子情報通信学会 編, コロナ社, 2004, ISBN-13:978-4339018431.

[2] コンピュータアーキテクチャの基礎, 柴山潔 著, 近代科学社, 2003, ISBN-13:978-4764903043.

機械語・アセンブラ

[3] アセンブリ言語の教科書, 愛甲健二 著, データハウス, 2005, ISBN-13:978-4887188297.

[4] 基礎からきっちり覚える 機械語入門, 渡辺徹 著, マイナビ出版, 2016, ISBN-13:978-4839950675

オペレーティングシステム

[5] 基礎オペレーティングシステム ― その概念と仕組み (グラフィック情報工学ライブラリ), 毛利公一 著, 数理工学社, 2016, ISBN-13:978-4864810395.

[6] 岩波講座 ソフトウェア科学<[環境]6>オペレーティングシステム, 前川守 著, 岩波書店, 1988, ISBN-13:978-4000103466.

[7] IT Text オペレーティングシステム (改訂2版), 野口健一郎 他 著, オーム社, 2018, ISBN-13:978-4274221569.

コンピュータの歴史

[8] 復刊 計算機の歴史 ―パスカルからノイマンまで―, ハーマン・ゴールドスタイン 著, 末包良太 他 訳, 共立出版, 2016, ISBN-13:978-4320124011.

[9] コンピュータ開発史 ― 歴史の誤りをただす「最初の計算機」をたずねる旅, 大駒誠一 著, 共立出版, 2005, ISBN-13:978-4320121386.

演習問題

問題 2.1

CPU の機能は何か．また CPU が備えているレジスタとプログラムカウンタは何で，どのように使用されるか．

問題 2.2

メモリはどのような構造をしていて，どのように使用されるか．

問題 2.3

ハードディスクはどのような構造をしていて，どのように使用されるか．またなぜメモリの代用にはならないのか．

問題 2.4

バスとは何で，どのような役割を担うか．

問題 2.5

CPU の動作は3つのステップの繰り返しである．各ステップでどのようなことが行われるか．

問題 2.6

CPU が実行できる命令で構成されたプログラミング言語のことを何というか．また人間が分かりやすくするために，その命令に付けられた名前のことを何というか．

問題 2.7

メモリは基本的に数値を記録するデバイスである．それに CPU の命令からなるプログラムを格納できるのはなぜか．

第3章
初めてのプログラム

　本章では簡単な C 言語のプログラムを書いてコンパイルし，できたファイルを実行してみる．最初のプログラムを実行するには，広範囲にわたる項目からなるプログラムの開発環境を理解することから始めなければならない．すなわちキーボードのキー配置に慣れ，エディタや端末の使い方を理解し，どのような手順でプログラムをコンパイルし実行するかを知らなければならない．したがって，この最初の部分が初学者にはハードルが高くなる．さらにそれらは読者が使用している開発環境（Ubuntu か MinGW か，あるいはそれ以外か）によって異なるばかりではなく同一の環境（たとえば Ubuntu）でも開発が進むにつれその時々のバージョンで変化してしまうため，書籍で説明するのが難しい．そのため，本書では多くの開発環境である程度普遍的と思われる事項のみを取り上げ，開発環境によって変化してしまうことには言及しないことにした．同様の理由で端末の実行方法やエディタの使い方も取り上げていない．これらに関してはインターネットや第 1 章の参考文献 (5 ページ) に挙げた他の書籍を参照したり，環境が許せば先生や先輩，あるいはコンピュータに詳しい友達に聞くなどの手段で補ってほしい．

　プログラムを書いてコンパイルし実行することは，一度慣れてしまえば簡単なことである．そうなるまでに少し時間がかかるかもしれないが，そのうち簡単になるので心配せずに続けてほしい．

3.1 `hello.c` とコンパイル

　人間が C 言語を使って書いたプログラムのことをソースプログラムという．まずこのソー

スプログラムを作成しよう．以下に示すプログラムコード[1] をエディタで作成し hello.c とい
う名前のファイルとして保存する．ファイル名の最後の部分，ピリオドとそれ以降の部分のこ
とをファイル名のエクステンション (拡張子) というが，.c というエクステンションは C 言語
のソースファイルを表している．なおこのプログラム 3.1 は hello, world という文字を画面
に表示するプログラムである[2]．

プログラム 3.1

```
1:   #include <stdio.h>
2:   int main(void)
3:   {
4:     printf("hello, world\n");
5:     return 0;
6:   }
```

上記のプログラムで枠外の数字と : は行の番号を示すための部分で，プログラムとしてはこれ
らの文字は入力しなくてよい．行の最初の文字は，たとえば「第 1 行」は #，第 2 行は i であ

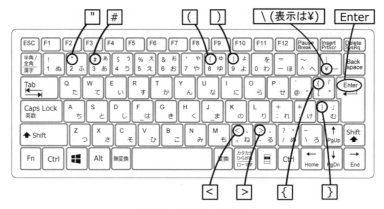

図 3.1　記号キーの位置

---

[1] 実際にプログラムを構成する多数の文字のことをプログラムコード，あるいは単にコードという．ただ用語
の厳密な区別があるわけではなく，コードという言葉をプログラムと同じ意味で使うことも多い．

[2] このプログラム hello.c は K&R で最初のプログラムとして取り上げられているもので，C 言語の入門書で
はこれを最初のプログラム例とすることが多かった．少々古い慣習ではあるが，本書もこれに倣った．なお
ここで示したものは，C 言語の新しい仕様に適合するように，オリジナルのコードを少し変更してある．

る．一つの行を入力し，次の行に移るには Enter キーを押す．また第4行と第5行の最初に空間があるが，これはスペースキーを2回押してスペースを2つ挿入する．たとえばエディタが Emacs の場合，エディタの画面は以下のようになる．

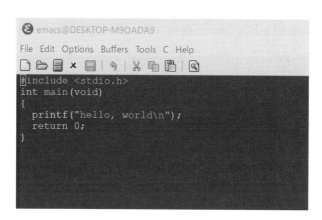

　文字の入力に関して少々注意してほしいのは，第4行の後ろから5文字目の文字\(バックスラッシュ）である．日本語のキーボードでは通常¥(円マーク）になっており，このキーを押す．これで\が入力されるはずであるが，場合によっては表示も\でなく¥になることもある．\と¥は同じであるので，その場合もそのままで問題ない．キーボードのキーの配置に慣れていない読者のために，このプログラムに出てくる記号の位置を図3.1に示した．このようにして作成したソースプログラムは，ファイル名を hello.c として保存する．
　エディタでソースプログラムを作成してそれを保存したら，次にすべきことはプログラムのコンパイルである．これには端末で

```
$gcc hello.c
```

と入力して Enter キーを押す．なお，$ はプロンプトと呼ばれる入力しなくても最初から表示されている文字である．ソースプログラムに入力間違いがなければ実行ファイルとしてa.outというファイルができる．そこで端末から

```
$a.out
```

と入力して Enter キーを押すと，このプログラムが実行され[3]，端末の画面に

---

[3] 実行されない場合にはa.out の前に./を付け./a.out とする．以降の実行ファイルも同様.

```
hello, world
```

という文字が出力される．以下は実際の端末の画面である．

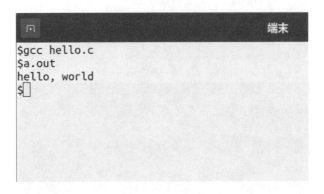

　以上はソースプログラムを正しく入力した場合である．もし間違えた場合には，コンパイルでエラーになる．この場合にコンパイラが画面に出力するエラーメッセージ（エラーの原因を報告する画面上の文章）は，どの文字の入力を誤ったかによって異なるが，いずれにせよエラーの表示があればソースプログラムが正しく入力されていない．以下はソースプログラムの第6行にある } を入力し忘れた場合の例である．画面の第3行でエラー表示が出ている．

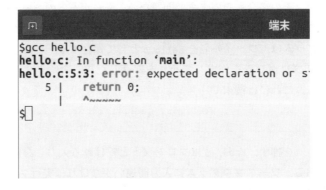

　このプログラム 3.1 は，第4行の hello, world の部分，すなわち左の " から \ までの部分を変えると，画面に表示される文字も変化する．ここで色々と変えて実験をしてみてほしい．ただしこの部分に記号を含めるとうまくいかない場合もあるので，表示する文字は差し当たりアルファベットと数字，スペース，カンマ(,)およびピリオド(.)のみにしておくと予想外のことは起こらない．日本語も使用できる場合が多いが，文字コードの問題などでうまく行かない場合もある．ただどのような文字を使用してもコンピュータが壊れることはないので，

実験として色々な文字を表示してみるのはよいことである．いずれにせよ，ここで表示文字を
変えながらプログラムのコンパイルと実行を何回も行って，ソースファイルを編集してはコン
パイルするという作業に慣れてほしい．

　ここでコンパイラ (gcc) に対する -o オプションについて説明しておきたい．gcc でコンパイ
ルを行うと，実行ファイルの名前は a.out になる．しかし複数のプログラムをコンパイルした
ときに全て同じ名前になってしまうのは不便である．その場合は -o オプションを使用して

```
$gcc -o hello hello.c
```

とすると実行ファイルが hello になる．通常はソースファイルから.c の部分を削除した名前を
実行ファイルとするのでこの名前にしたが，もちろんこの名前でなくても構わない．なお -o
オプションはソースファイルの後に置いて

```
$gcc hello.c -o hello
```

としても同じである．

　また，実行中のプログラムを強制的に停止させるには，コントロール C（Ctrl と書いてある
キーを押しながら C を押す）を使う．本章で示したプログラムでは，実行が終わらないといっ
たことは起こらないが，学習が進んで複雑プログラムを作るようになると，このようなことが
起こる可能性がある．このような場合コントロール C でプログラムを停止させることを覚え
ておこう．

まとめ

- C 言語のプログラム開発はエディタでソースプログラムを作成し，コンパイラで実行ファ
  イルを作成して，それを実行する．
- 実行ファイル名を指定するには gcc に対して -o オプションを使用する．
- プログラムを強制的に停止させるにはコントロール C を使う．

3.2　C プログラムの構造と printf 関数

　さて，前節ではプログラム 3.1 の第 4 行の hello, world の部分を変更して表示する文字を
変更してみたが，第 4 行の printf で始まる部分を中心に，少し詳細を見ていくことによって C
プログラムのルール，すなわち文法を学んでいくことにしよう．

　まずは用語について少し．まずは C プログラムの文という概念である．第 4 行は，最初にス
ペースが 2 つあるのを除けば，printf という文字で始まり，カッコで囲まれた部分が続き，セ

ミコロン (;) で終わっている．このように文字が連なっていて最後がセミコロンで終わっているものを，C プログラムの文という[4]．プログラムの第5行も return 0 という文字があってセミコロンで終わっている．これも文である．このようなそれぞれの文がコンピュータに与える指示になっていて，C プログラムの中に文を順番に書いていくと，コンピュータはその順番に指示された動作を行う．このようにコンピュータに行わせたい文を順番に記述することでプログラムを構成する．

　また第4行は printf の後にカッコで括られた部分がある．このような構成になっているプログラムの部分を**関数**という．関数という言葉は数学の関数にちなんでつけられているが，全く同じものというわけではない．

　関数については後ほど詳しく説明するので，ここでは最初に文字があってカッコが続いているコンピュータへの指示を関数と呼ぶと理解してほしい．第4行のカッコの前の文字は printf なので，これが関数の名前 — **関数名**になっていて，この関数のことを printf 関数と呼ぶ．一方第5行の return にはカッコが続いていないので，これは関数ではない．第5行の文は関数を用いていない文 (コンピュータへの指示) である．

　次は printf 関数に関して少し説明しよう．printf 関数は端末の画面へ文字を出力する動作をする関数である．そして関数名に引き続くカッコの中が表示する文字に関する情報である．printf に限らず一般に，関数名に続くカッコの中で関数を実行するのに必要な情報を与えることになっていて，この情報のことを**引数** (ひきすう) と呼んでいる．引数といっても必ずしも数である必要はなく，printf 関数の場合は文字情報である．

　printf 関数の引数は，ダブルクォーテーション (") で囲まれた (空白 (スペース) も含めた)文字の連なりである．このようなダブルクォーテーションで囲まれた一連の文字を，C 言語の用語で**文字列**と呼んでいる．文字列はその名の通り，一連の文字から成る文章を表現するC 言語のデータ形式である．ここまでに説明した用語を使って printf 関数のことを述べれば，printf 関数は文字を画面に出力する関数で，出力すべき文字に関する情報はその引数として文字列で与える，となる．

　次は printf 関数に引数として与える文字列について説明しよう．なおここでは日本語は取り上げない．キーボードから直接入力できる (日本語変換を使わない) 英数字だけに限定する．出力文字列の基本は，ダブルクォーテーションにはさんで出力したい文字を書けばよい．しかし例外として以下の事項がある．

---

[4] 厳密性のために記しておくとセミコロンで終わらない文もある．ただしここではこの詳細に立ち入る必要はない．

1.　出力する行を次の行に移動したいとき，バックスラッシュ[5]と文字 n (\n) を書く.
2.　ダブルクォーテーションを表すためにはバックスラッシュとダブルクォーテーション (\")
　　を記す.

例：

```
printf("The double quotation symbol is \".\n");
```

3.　バックスラッシュ自体を表示したときにも，その前にバックスラッシュを付ける (\\).

例：

```
printf("The backslash symbol is \\.\n");
```

4.　パーセント記号 (%) を表示したいときには，パーセント記号を2つ (%%) 使う.

例：

```
printf("The percent sign is %%.\n");
```

5.　バックスラッシュおよびパーセント記号は上記以外の使い方をしない.

　以上のことを少し補足する. printf 関数は，引数として与えられた文字列内の文字を基本的にはそのまま出力するが，文字列の中に行を変える (これを改行という) 指示を埋め込むことができる. この指示を与えるルールが 1. の \n である. 次に，文字列はダブルクォーテーションで始まりダブルクォーテーションで終わるように構成する. したがってこのルールだけではダブルクォーテーション自体を文字列内の文字に含めることができないことになる. そこで 2. のルールを作ることによって，文字列内の文字としてダブルクォーテーションを入れることを可能にしている. バックスラッシュの次に来たダブルクォーテーションは文字列の終わりという印ではなく，本来の文字 (記号) としてのダブルクォーテーションを表す. 実は文字列の中でバックスラッシュは特別の意味をもち，バックスラッシュとそれに続く文字で単なる文字以外の何かの機能を表現することになっている. 1. に記した改行はこの例であり，詳細は後の章に回すが，このようにして指示する他の多くの機能がある. そのため特別の意味のない，文字としてのバックスラッシュを表現するためにバックスラッシュを重ねる記法を用いている. これ

---

[5]　前にも書いたように，日本語キーボードではバックスラッシュは円記号 (¥) と同じである.

が 3. である．文字列は printf 関数の引数以外にも使われる．以上のルールは一般の文字列に関するルールであるが，それが printf 関数の引数になる場合には，パーセント記号も特別な意味をもつようになる．これに関するルールの一つが 4. である．その他の詳細については第 4 章で説明するが，最初の段階としては 5. を守ることで問題を回避することにしたい．

　本節の最後に，先に示したプログラム 3.1 の全体構成について少々説明をしておこう．まず第 1 行については第 14 章で，第 2 行については第 7 章で説明するが，ここではまずこのまま書くものとしておいてほしい．第 3 行と第 6 行にある波カッコ ({と}) で囲まれた部分に複数の文を書いてプログラムとする．第 5 行に示すように，プログラムの最後の文は retrun 0; とする．これから C 言語の様々なプログラミング技法について学んでいくが，第 1 行，第 2 行，第 5 行に示した要素はしばらくの間不変である．差し当たりこのようにするものだと思っておいてほしい．

　C のプログラムにおいて，文と文の間の改行は必須ではない．たとえば第 4 行と第 5 行を

```
printf("hello, world\n"); return 0;
```

のように一つの行にまとめてしまってもプログラムとしては問題はない．また文と文の間に入っているスペースは無視される．たとえば上記の例では，この二つの文の間により多くのスペースを入れて

```
printf("hello, world\n");          return 0;
```

のようにしてもプログラムとしての意味は変わらない．以上のように C 言語のプログラムの中では，文の間で改行やスペースを自由に使えるので，人間が見やすいようにこれらを使用する．プログラム 3.1 で第 4 行と第 5 行の初めにスペースを 2 つ入れたが，これはこのようにすることでプログラム本体を構成する文を明示し，見やすくするためである．このようなスペースの入れ方を，技術用語ではインデント (字下げ) という．

　最後にコメントについて説明しておく．C プログラムの中にプログラムの動作に影響しないメモ書きを入れることができる．これをコメントというが，コメントの入れ方には 2 つの方法がある．1 つ目はスラッシュとアスタリスク (/*) で始めてアスタリスクとスラッシュ (*/) で終わるように記述する方法である．このコメントは文と文の間のように，スペースを入れても差支えないところならどこにでも挿入できる．コメントの間に改行が入っていても大丈夫である．たとえばプログラム 3.1 の第 4 行に

```
printf("hello, world\n"); /* This is a

                          printf

                          function. */
```

のようにしてコメントを入れることができる．したがって，この方法は何行もあるコメントに
適している．もう一つの方法は2つのスラッシュ (//) を使う方法である．これは2つのスラッ
シュを入れたところからコメントが始まり，改行すると終わってしまう．したがって1行のみ
のコメントを記入するのに適している．以下が使用例である．

```
printf("hello, world\n"); // This is a printf function.
```

もちろん以下のように各行のコメントの始まりで//を入れれば，複数行にコメントを入れるこ
とはできる．

```
printf("hello, world\n"); // This is a

                          // printf

                          // function.
```

コメントはプログラマーの覚書のために使用する．

まとめ

- 文とはコンピュータ与える指示のC言語おける単位で，セミコロンで終わる．
- 関数とは 関数名 (引数) という形式をもったコンピュータに対する指示で，文として使う
  ことができる．
- 引数とは関数に与えるデータのことである．
- 文字列とはダブルクォーテーションで囲んだ文字や記号の集まり．文字列の中で\nは改
  行，\"はダブルクォーテーション，\\はバックスラッシュを意味する．
- printf関数は画面に文字を出力する機能をもつ関数．出力文字は引数で与える文字列で
  指定するが，パーセント記号を出力するときには%%のように2つ重ねる．
- C言語のプログラムの基本的な構造はプログラム3.1のようになっており，第3行と第6
  行にある波カッコの中に複数の文を書くことでプログラムを構成する．文と文の間のス
  ペースや改行は影響しない．また最後の文はreturn 0;とする．
- プログラマーに対するメモ書きとして，Cプログラムの中にコメントを入れることができ

る．コメントは/*で始めて*/で終えるか，//で始めて行の終わりまでか，である．

演習問題

問題 **3.1**

プログラム 3.1 では{と}の間に printf 関数の文が 1 つしかないが，複数の printf 関数の文を入れるとどのような出力が得られるか，実験してみよ．

問題 **3.2**

printf 関数に与える引数の文字列に，\n を複数個入れるとどうなるか．

問題 **3.3**

ダブルクォーテーション (")，バックスラッシュ (\)，パーセント記号 (%) を画面に出力して改行するには，どのような引数を printf 関数に与えればよいか．

問題 **3.4**

prog.c というソースファイルをコンパイルして prog という実行ファイルを作成したい場合，コンパイラのはどのように行えばよいか．

第4章

数の計算

コンピュータという名前の英語のそもそもの意味は，計算するもの ─ 計算機であるので，C言語でももちろん数の色々な計算ができる．本章では数の計算について扱う．

C言語で数の計算をするプログラムを書く場合，いくつかの基本的なプログラムの要素を知っておかなければならない．まずは変数である．これは数を記録しておける箱のようなものであり，計算した結果を入れるために使用する．次に定数がある．これは2とか3とか，3.14とか数そのものである．変数と定数には，どのような数を扱えるかによって型という概念がある．整数のみを扱える型が整数型，3.14のような小数点以下もある数も扱える型が浮動小数点型である．数は数としてその型をあまり意識しなくてよいプログラミング言語もあるが，C言語は数値データの型を意識しなければならず，このことが初学者が取っつきにくい点かもしれない．しかしC言語のこの特性はコンピュータの動作を細かく制御できるということであり，プログラム言語としての適用範囲を広くしている．

変数と定数の他には，加減乗除を行う記号である演算子，計算結果を変数に代入する代入記号を知らなければならない．また科学的な計算をする場合には，三角関数や指数関数のような，科学でよく使われる関数の使用法も知っておく必要がある．本章ではこれらの事項についても扱う．

4.1 簡単な数値演算プログラム

まずは次のプログラムを見てほしい．

プログラム 4.1

```
1:  #include <stdio.h>
2:  int main(void)
3:  {
4:    int i;
5:    i = 2 + 3;
6:    printf("The value is %d\n",i);
7:    return 0;
8:  }
```

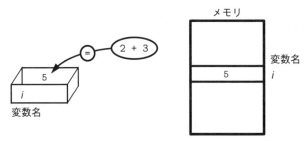

図 4.1　変数と変数への代入のイメージ

　これは2と3を足して，その結果を出力するプログラムである．プログラム3.1と異なるのは第4行から第6行までの3行である．以下，この部分について大枠を説明し，その後に節を改めてそれぞれの部分を詳しく説明する．

　まず第4行の int i; は変数の宣言である．Cプログラムでは数値を入れておける箱のようなものを作ることができ，これを**変数**と呼んでいる．イメージとしては図4.1の左側のように表現できるが，変数はメモリの上に作られるので，説明図としては右の図の方が正確である．そして**変数の宣言**とは変数を作る指示である[1]．変数にはどのような種類の数値を入れておけるかによっていくつかの種類があり，これを**変数の型**という．ここで定義している変数の型は int 型[2]で，この型の変数には整数が入れられる．第4行の最初の部分の文字 int がそれを

---

1) 宣言というとただ明言するだけという印象があるが，これは英語の declaration の日本語訳であり，実際の動作としては変数を作成する指示になる．

2) int は英語で整数を意味する integer から来ている．

表している．なお，整数が入れられる型のことを一般には**整数型**と呼ばれる．すなわち int 型は，C言語で用意されている整数型の一つである．C言語には他の整数型もあるが，差し当たり int 型だけを覚えておけば十分である．この行は次にスペースを隔てて i と書かれているが，これは作成する変数の名前である．これを**変数名**という．ここで作成した変数は，プログラムの中でこの名前で使用される．なお変数名は，ある程度の制約はあるが自由に名前を付けることができる．必ずしもここでの変数名 i のように一文字である必要はない．ここでは名前を単純にするために文字一文字の名前としたまでであり，たとえば kazu のように1文字以上の変数名でも構わない[3]．次のセミコロンが文の終わり，すなわち変数を宣言する文の終わりを示している．

第5行は2と3を足して結果を変数 i に代入する文である．なお**代入**とは，変数に値を書き込むことである．代入の指示は等号 (=) が担っている．等号の左側に代入する変数の名前を書き，右側に計算したい数式を書くと，その数式を計算した結果が変数に代入される．ここでは数式 2 + 3 の結果，すなわち5が i に代入される．なお数学で等号はその左右の値が等しいことを表すが，C言語では等しいという意味ではなく，代入する指示を表すのに使っているので注意してほしい．また数式の中の2や3のように数値をそのまま書いたものを**定数**と呼んでいる．これは変数に対比した概念である．そしてこの行の最後は文の終わりを表すセミコロンで終わる．

第6行は変数 i に入っている値を表示する文である．printf 関数が使われているが，プログラム 3.1 での使用法と異なるのは，引数の文字列の中にパーセント記号を使った %d という部分があること，さらに文字列の次にカンマ (,) と文字 i があることである．文字列内の %d は printf 関数の**変換文字**と呼ばれ，その意味は，出力文字内のこの位置に変数の値を埋め込んで表示せよという printf 関数に対する指示である．またカンマの次の i は値を出力すべき変数を指示している．すなわちここでは変数 i の値は5であるので，画面には

```
The value is 5
```

と表示される．

まとめ

- プログラム内で，数値を記録しておく実体として**変数**がある．変数を作成するには**変数宣言**を行う．変数宣言で変数の名前 ― **変数名**を指定する．

---

[3] 可能な変数名については K&R の 2.1 節 (43ページ)，A2.3 節 (233ページ) に記述がある．

- 変数には保持できる数値データの種類を表す**型**がある．整数を保持できる型を**整数型**といい，その具体的な型の一つがint型である．
- 変数に値を書き込む操作を代入といい，プログラム内では等号記号 (=) で実行される．
- 式の中で数値をそのまま表記したものを**定数**という．
- printf関数で数値を表示するときには**変換文字**を用いる．整数型の数値の場合の変換文字は %d である．

4.2 変数および定数と型

本節では変数と定数についてもう少し詳しく説明する．まずプログラム4.1の第4行に例がある変数宣言である．ここでは変数iのみを宣言しているが，これ以外にも変数を作成する場合，コンマで区切って複数の変数を宣言することができる．たとえば

```
int i, j, k;
```

とするとi, j, kの3つの変数ができる．また変数宣言は同じ変数を重複して宣言しない限り，いくつの宣言があってもよい．たとえば上の例ではそれぞれの変数宣言を別の文として

```
int i;
int j;
int k;
```

としてもよいし

```
int i, j;
int k;
```

でもよい．

次にfloat型の変数について説明しよう．先に示したint型変数には整数しか入れられない．しかしながら，小数点以下の値をもつ数値を扱う必要はもちろんあるので，そのような数値を入れられる変数の型としてfloat型がある[4]．たとえば

---

[4] floatは英語で浮動小数点数を意味するfloating point numberから来ている．

```
float x;
```

のように変数 x を宣言することによって，

```
x = 3.14;
```

のように小数点以下を含む数を代入することができる．なお，この例のように小数点以下を含む数のことを技術用語では**浮動小数点数**，それを扱える型を**浮動小数点型**と呼んでいる．すなわち float 型は，C 言語における浮動小数点型の一つである．C 言語の浮動小数点型は float 型以外にもあるが，差し当たりは float 型のみを覚えておけばよい．なお float 型の変数の宣言に対しても，int 型変数を例として上で説明した変数宣言のバリエーションはもちろん有効である．

　ここで定数にも型があることを説明しておこう．これまでのプログラムには

```
i = 2 + 3;
```

や

```
x = 3.14;
```

のような代入文があったが，それぞれの変数に代入する式に数値そのものを表す書式である定数が使われている．変数と同じく定数にも型があり，2 や 3 のように小数点を含まず表記した定数は**整数型**で，3.14 のように小数点を含んで表記した定数は**浮動小数点型**である．同じ数値である 3 を表す定数でも 3 は整数型であり 3.0 は浮動小数点型である．これらは同じ値でもコンピュータ内で数値を表現する方法が異なっており，式の中で用いた場合に演算結果が異なってくる場合がある．このことは次の四則演算の節 (4.3 節) で述べる．

　変数の型と定数の型を学んだところで，プログラム 4.1 を浮動小数点の演算を行うように変更したプログラムを示しておこう．第 4 行で宣言されている変数を float 型，第 5 行の数式に現れる定数を浮動小数点型，第 6 行の printf 関数による値の表示を float 型に変更してある．

プログラム 4.2

```
1:  #include <stdio.h>
2:  int main(void)
3:  {
4:    float x;
5:    x = 2.0 + 3.0;
6:    printf("The value is %f\n",x);
7:    return 0;
8:  }
```

ここで第6行の printf 関数の変換文字に注目してほしい．整数型変数に対する変換文字は %d であったが，浮動小数点型変数の場合は %f であり，ここではこれを使用している．

まとめ

- 複数の変数の宣言は複数の宣言文を使ってもよいし，カンマで区切って1つの宣言文の中で行ってもよい．
- 小数点以下の値ももつ数値は**浮動小数点数**といい，それを表すことができる型のことを**浮動小数点型**という．浮動小数点型の具体的型の一つに float 型がある．
- 定数にも整数型と浮動小数点型がある．
- printf 関数で浮動小数点型の値を表示するには，変換文字として %f を使う．

4.3 四則演算と式

数の四則演算とその結果の型については第11章「式と演算子」で詳細に説明する．しかし第11章まで計算を行うプログラムが書けないと困るので，第11章の内容と重複するが，差し当たり知っておくべきな情報をここで説明しよう．

ここまでのプログラムでは，数値演算で加算の例しか示さなかった．もちろんC言語では加算以外の四則演算も可能であり，減算は － ，乗算は * ，除算は / で表す．またマイナス記号 － は数値の符号を反転させる場合にも使用される．たとえば変数 x の符号を反転した値を得たければ -x と記述する．なお，このような演算を表す記号のことを**演算子** (operator) と呼んでいる．ここでプログラム4.1および4.2の第5行の演算を加算以外の演算子に変更して実行してみてほしい．式の記述を変更したときにどのような結果が得られるかを実験してみる

ことは大変有益であるので，ぜひ時間を取ってこの実験を実行してみてほしい.

4.3.1 数値の型と演算

　さて，上記の実験をしたという前提で説明を続けよう. 実験はほとんどの場合は期待した通りの結果が得られたと思うが，プログラム 4.2 の第 5 行を

```
x = 2 / 3;
```

とした時の出力は

```
The value is 0
```

となったはずである. 数値の計算としては $2 \div 3$ は 0.666... であり，0 はおかしいと思われたではないか. これには演算式に現れる数値の型と演算の関係を説明しなければならない. 以下でその説明をしよう.

　上で示した 2 / 3 のような式は，型という観点からは 整数型 / 整数型 の演算になっている. この場合の除算結果は小数点以下を切り捨てた値として得られる. さらに 2 / 3 という式自体にも数値としての型があり，この場合は整数型になる. すなわち 整数型 / 整数型 の演算結果は整数型の数値になる. 一方 2.0 / 3.0 のような 浮動小数点型 / 浮動小数点型 の式は，式の型も浮動小数点型になる. この場合には小数点以下が表現可能なので，式としての値も 0.666... となる[5].

　ここまで説明したことは演算が除算以外の場合も当てはまる. たとえば 2 * 3 は 整数型 * 整数型 の演算であり，結果は整数型の 6 という数値である. 一方 2.0 * 3.0 は 浮動所数点型 * 浮動小数点型 の式であり，結果は浮動小数点型の 6.0 になる. しかし数値の型は違うが，数値自体は同じ 6 を表しているので，表示したときには同じ 6 になるわけである. それでは一方が浮動小数点型，もう一方が整数型の場合はどうなるであろうか. 除算の例では 2 / 3.0 や 2.0 / 3 の場合である. この場合は整数型が浮動小数点型に変換されて計算が行われる. 2 / 3.0 の例では 2 が浮動小数点型に変換されて 2.0 / 3.0 として計算され，式の値も浮動小数点型，すなわち値としては 0.666... になる. このことはプログラム 4.2 の第 5 行を

---

[5]　プログラム 4.2 のように printf 関数で表示した場合には最小桁で四捨五入が起こり 0.666667 と表示される.

```
x = 2 / 3;
x = 2.0 / 3;
x = 2 / 3.0;
```

などと変更して確認してほしい.

4.3.2　代入と型変換

　以上で四則演算1つの式を例に, 式としての型をもつことを説明したが, 今度はその式の値を変数に代入する場合を説明する. 代入される変数と式が同じ型の場合にはそのままの形式で代入されるので問題ない. 一方変数が浮動小数点型で式が整数型である場合には式の値が浮動小数点型に変換されて代入される. 上記の例で

```
x = 2 / 3;
```

がその場合である. 2 / 3 が整数型の演算として実行されて値0が得られ, それが浮動小数点型に変換されて変数 x に代入されている.

　代入される変数が整数型で式が浮動小数点型の場合は, 同様に式の値が整数型に変換されて代入されるが, 式の値が小数点以下の値をもっていた場合, その部分は切り捨てになる. プログラム 4.1 の第5行を

```
i = 2.0 / 3.0;
```

とした場合がその例で, 式 2.0 / 3.0 は浮動小数点型で0.666... という値が得られているが, 代入すべき変数 i が整数型なので小数点以下が切り捨てられ, 変数の値は0になる.

　さて以上で説明した式は四則演算一つだけの単純な式であったが, もちろん C 言語では多数の演算を含んだ式を書くことができる. 加減算と乗除算の優先順位は数学のそれと同じ, 乗除算が優先される. また優先順位を変更するためのカッコを使用することもできる. プログラム 4.2 の第5行の例で式を示せば

```
x = 2.0 + 3.0 * 4.0;
```

や

```
x = (2.0 + 3.0) * 4.0;
```

などである．最初の例では 3.0 * 4.0 が最初に実行されるので式の値は 14.0 であるが，2番目の例ではカッコ内部の演算が優先されるので，式の値は 20.0 になる．またこのような式でも先に述べた型という概念は適用される．たとえば

```
x = (2 + 3) / 4;
```

では変数 x の値は 1 であるが，

```
x = (2 + 3.0) / 4;
```

では 1.25 になる．最初の例では式の演算は全て整数型として実行されるが，2番目の例では 3.0 が浮動小数点型なので 2 + 3.0 が浮動小数点型の 5.0 になり，除算部分も浮動小数点化されて 5.0 / 4.0 として計算されるからである．

4.3.3 式中の変数使用

これまでの式は全て定数の演算であったが，もちろん式の中に変数を使用することができる．型の異なる変数の混在ももちろん可能である．その場合にも上で述べた演算のルールが適用される．たとえば int 型の変数 i，float 型の変数 x および y が宣言されているとしよう．そのときに

```
i = 3;
x = (2 + i) / 4;
```

では x に 1.0 が入るが

```
y = 3.0;
x = (2 + y) / 4;
```

では 1.25 が代入される．

式の演算の結果を変数へ代入する構文で，式の中に使用されている変数に計算結果を代入する書式が使われることがある．たとえば以下のような文である．

```
i = i + 10;
```

変数 i は値を計算する計算式の部分にも使われているし，代入する変数としても指定されている．このような場合は，まず現在の i の値を使って等号の右側の式の値を計算し，その結果を

最後に i に代入するという動作を行う．たとえば i に 5 が入っている状態で上の文を実行すると，i には 15 が代入される．計算式の中にこのような変数が複数現れても同じである．同様に i に 5 が入っている状態で

```
i = i + 10*i;
```

を実行すると，i の値は 55 になる．

　以上の変数と定数，そしてそれらの型と演算のルールについて説明したが，プログラミングの学習を始めた皆さんは，単に数の計算をするだけなのに何と面倒なことと思ったかもしれない．しかしコンピュータのプログラミングを正当に学習するためには避けて通れないので，ぜひお付き合い願いたい．ただデータ型という問題に引きずられて，先に進めないのも困る．その場合には，差し当たり数値の演算に関しては float 型のみを使っておけば，変なことは起こらない．その方針でしばらく進み，ある程度進んでからまた本章に内容を振り返ってもらえばよい．

まとめ

- 数値演算を実行する記号を**演算子**といい，C言語で加減乗除を表す演算子はそれぞれ ＋，－，＊，／ である．このうちマイナス記号 (-) は数値の符号を反転する演算にも用いる．
- 整数型と整数型の演算は整数型の結果が得られる．浮動小数点型と浮動小数点型の演算は浮動小数点型の結果が得られる．整数型と浮動小数点型の演算は，整数型を浮動小数点型に変換してから演算が行われ，結果は浮動小数点型となる．
- 整数型どうしの除算の結果，小数点以下が切り捨てられた値になる．
- 型の変換は変数への代入でも起こり，式の結果は変数の型に変換されて代入される．
- 演算子には優先順位があり，乗除算が加減算に優先される．計算の順番を変更するにはカッコを使用する．
- 代入文で代入される変数が値を計算する式の中で使われていた場合は，式の中では代入される前の値が使われる．

4.4　数値の入出力

4.4.1　scanf 関数

　これまでのプログラムで，計算すべき数値は全てプログラムの中に記述されていたが，実用的なプログラムでは，プログラムの実行時に計算に必要となる数値をキーボードから入力する

ことが必要になる場合がある．これを行う関数が scanf 関数である．たとえば float 型の変数
x にキーボードから値を入力するためには

```
scanf("%f",&x);
```

とする．最初の引数の中の %f は float 型の変数に読み込むことを指示する変換文字で，
printf 関数に対する変換文字と同じである．また 2 番目の引数には値を読み込むべき変数を
指定するが，変数名の前にアンパサンド[6] (&) が付いていることに注意してほしい．この理由
は第 10 章で説明するが，差し当たり scanf 関数に対してはこのようにすることを覚えておい
てほしい．読み込むべき変数が int 型の場合には変換文字を %d とする．これも printf 関数
に対する変換文字と同じである．int 型変数 i に値を入力する書式は

```
scanf("%d",&i);
```

である．

4.4.2 printf 関数

一方出力に関しては，ここまでにも printf 関数を利用して実行してきたが，ここでこの関
数をもう少し正式に説明しておこう．printf 関数の構文は以下である．

> printf(書式 , 式 1 , 式 2 , ...)

最初の引数である書式はダブルクォーテーションで囲まれた文字列で，画面に出力する文章を
記述することができるが，必要に応じて %d や %f といった変換文字を埋め込むことができて，
この部分に第 2 引数以降で指定する式の値が埋め込まれて表示される．式の個数はいくつあっ
ても構わない．書式の中に出てくる変換文字の順番と，引数の式の順番は対応している．例を
示そう．int 型の変数 i と，float 型の変数 x および y が宣言されているとする．これらを表示
する場合の 1 つの例は以下である．

```
printf("Values of i is %d, x is %f, and y is %f\n",i,x,y);
```

---

[6] アンドマークであるが，正式名称をアンパサンドという．

書式の中に最初にある変換文字の %d が最初の式である変数 i に対応し，2番目の変換文字 %f が x，3番目の %f が y に対応する．i に 1，x に 2，y に 3 が入っていた場合，画面への出力は

```
Values of i is 1, x is 2.000000, and y is 3.000000
```

となる．なおこの例から分かるように，標準的には %f による出力で小数点以下6桁の数値が表示されるようになっている．

なお上の printf 関数の構文で，第2引数以降を式と表現した．これは printf 関数に限ったことではないが，関数の引数として変数や定数だけでなく，そこに要求されるデータ型と同じ型を与える式を書くことができる．たとえば上の例では第2引数には整数型，第3および第4引数には浮動小数点型が要求されている．したがってこれらの型を与える式を各引数として記述することができる．例を示せば

```
printf("Values of arguments are %d, %f, and %f\n",i+3,x*2+5,3.5);
```

などである．2番目の引数 i+3 は int 型を与える式である．3番目の引数 x*2+5 は，それに含まれる 2 や 5 は int 型であるが x が float 型なので，式の型としては float 型になる．4番目の引数である 3.5 は float 型の定数である[7]．

なおここで説明した printf 関数の機能は，差し当たり知っておけば困らないものに限った．しかし printf 関数は非常に多機能な関数でここで説明した以外にも多数の機能がある．それらに関しては K&R の 7.2 節 (187ページ) を参照願いたい．

まとめ

- キーボードから変数に数値を入力するには scanf 関数を利用する．scanf 関数の変換文字も printf 関数のそれと同様で，int 型変数には %d，float 型変数には %f を使用する．また値を読み込む変数の指定には，変数の名前の前にアンパサンドマーク (&) を付ける．
- printf 関数の複数の式の値を表示することができる．printf 関数に与える式の順番と，それに対応する変換文字の書式の中での順番を一致させる．整数型の式には %d，浮動小数点型の式には %f を変換文字として指定する．

---

[7] 正確には 3.5 という定数は float 型より精度のよい double という浮動小数点型なのであるが，話を簡単にするためここでは float 型として説明しておく．ここでは整数型の int 型か，浮動小数点型の float 型かの区別だけを意識してもらえばよい．データ型の正確な説明は第9章で行う．

4.5 数学関数

C言語には科学計算によく使われる三角関数や指数関数の値を計算する**関数**が用意されている．詳細はK&Rの7.8.6項(204ページ)に説明があるが，代表的な関数は以下である．

```
cos(x)    xのコサインの値    xの単位はラジアン
sin(x)    xのサインの値    xの単位はラジアン
tan(x)    xのタンジェントの値    xの単位はラジアン
sqrt(x)   xの平方根(ルート)の値
exp(x)    xの指数関数 e^x の値
log(x)    xの自然対数 ln(x) の値
```

この中のsqrt関数を用いて，キーボードから入力された値の平方根を計算するプログラムを，数学関数を利用した例として次に示す．

プログラム4.3

```
1:   #include <stdio.h>
2:   #include <math.h>
3:   int main(void)
4:   {
5:     float x, y;
6:     printf("Input a number => ");
7:     scanf("%f",&x);
8:     y = sqrt(x);
9:     printf("Square root of %f is %f\n",x,y);
10:    return 0;
11:  }
```

ここで注意してほしいことは第2行である．数学関数を使うときには，この位置に

```
#include <math.h>
```

という記述を入れる．そしてもう一点，コンパイルするときに最後に-lmというオプションを

付ける．たとえば数学関数が含まれる prog.c というソースファイルをコンパイルして prog という実行ファイルを作成するとき，

```
$gcc -o prog prog.c -lm
```

とする．

上のプログラム 4.3 で sqrt 関数は第 8 行で使われていて，この関数によって変数 x の値の平方根を計算してその値を変数 y に代入している．ここの sqrt 関数を上で示した他の関数に変えれば，対応する関数の値が計算できる．試してみてほしい．

さてここで C 言語の関数について補足しておく．数学でいう関数は何かの値を受け取り，何かの値を返すものである．C 言語の関数も基本的にはそのようになっていて，引数として値を受け取り，それに関数として定まった演算を行ってその結果を関数の値として返す．上で述べた数学関数の動作は数学でいうところの関数に準じている．なお関数が返す値のことを関数の戻り値と呼んでいる．上に示した関数は，どれも浮動小数点型の数値を戻り値として返す．関数の戻り値は単に変数に代入するだけでなく，一般的な式の中で使用することができる．プログラム 4.3 の第 8 行で，たとえば

```
y = 2.0*sqrt(x) + 1.0;
```

のような式にしても問題はない．

さて printf 関数なども関数であった．printf 関数は画面に変数の値などを出力する動作をするもので，上の関数の説明とは相容れないと思われるかもしれない．しかし実は printf 関数も値を返し，式の中で使用できるのである．しかし C 言語の関数は値を返すだけでなく，他の動作もできるように規定されている．printf 関数は他の動作として画面への出力が実装されていて，それが重要な機能になっている関数なのである．printf 関数が返す値については K&R の 305 ページに記述がある．

まとめ

- C 言語には三角関数や平方根などを計算する関数が用意されている．それを利用するときには #include <math.h> という文をプログラムの最初に入れる．さらにコンパイルするときに -lm オプションを付ける．
- 関数が計算結果として返す値のことを戻り値という．三角関数や平方根などを計算する関数の戻り値は全て浮動小数点型である．
- 関数は式の中で使うことができ，その戻り値が式の中での値となる．

演習問題

問題 4.1

2 次方程式

$$ax^2 + bx + c = 0$$

の解を計算するプログラムを作れ．キーボードから係数 a, b, c を読み込んで解の公式を用いて計算する．虚根のときにはプログラムは実行エラーになって構わない．

問題 4.2

角度を度の単位でキーボードから入力し，その角度の sin, cos, tan の値を出力するプログラムを作れ．入力が $90°$ や $270°$ のとき tan の計算でエラーになるのは構わない．なお円周率の値は 3.14159 とせよ．

問題 4.3

浮動小数点数が整数型の変数に代入されるとき，小数点以下が切り捨てになることを利用して，キーボードから入力された浮動小数点数を小数点以下 2 位で四捨五入し，小数点以下 1 位までの数として値を表示するプログラムを作れ．入力される数は正の数のみとしてよい．

第5章

処理の制御

　C 言語に限らず一般にプログラム言語では，コンピューターはプログラムに書かれた命令文を上から順番に処理していくことで，プログラムが実行される[1]．しかしこのやり方だけでは，柔軟性のない一本調子のプログラムしか書くことができない．そこで状況にしたがって実行する処理を変える機構が必要となる．本章ではこの機能，すなわち処理の制御を実現する構文について学ぶ．

　5.1 節でまず最初に取り上げるのが，条件によって実行する命令文を選択する機能をもつ if 文である．次に 5.2 節で命令文の繰り返し実行を可能にする for 文と while 文を説明する．繰り返しは，多数あるデータを順番に処理するような場合に使われる基本的なプログラミングテクニックである．なお繰り返しのことはループ (loop) とも呼ぶ．

　C 言語によるプログラミングのほとんどの場面で，上記の制御構文を知っていれば十分である．C 言語にはこれら以外の制御構文として swich 文と do while 文があるが，本書では取り上げず，これらの説明は例によって K&R に任せている[2]．ただ特に興味がある読者でなければ，現段階でこれらの制御文を知る必要はない．

5.1　if 文と条件式

　本節では，条件によって実行する処理を変える構文である if 文について説明する．if 文の

---

[1] ここで述べた命令を順番に実行していくタイプのプログラミング言語を命令型プログラミング言語という．C を初め C++，Java，Python などはこのタイプである．一方命令を順番に実行していくのではないタイプのプログラミング言語もあって，その代表的なものが宣言型プログラミング言語である．このタイプ古い例としては Lisp や Prolog，比較的新しいものでは Haskell などがある．ほんの参考まで．

[2] swich 文は K&R の 3.4 節 (71 ページ)，do while 文は 3.6 節 (77 ページ) に説明がある．

基本は，ある条件が成り立ったとき指定した処理を行うか，行わないかという単純な文であるが，それを組み合わせることで多少複雑な文になる．本節では単純な if 文をどう書くかをまず説明し，その後に if 文に付随する条件の書き方を述べた後，if 文を複数組み合わせるとどのような文になるかを解説する．

5.1.1 if 文の基本

まず次のプログラムを見てほしい．これはキーボードから入力された数の平方根の値を表示するプログラム 4.3 を改良し，負の数を入力したときでもエラーを起こさないようにしたものである．

プログラム 5.1

```
 1:  #include <stdio.h>
 2:  #include <math.h>
 3:  int main(void)
 4:  {
 5:    float x;
 6:    printf("Input a number => ");
 7:    scanf("%f",&x);
 8:    if(x >= 0.0)
 9:      printf("Square root of %f is %f\n",x,sqrt(x));
10:    else
11:      printf("Input number is negative\n");
12:    return 0;
13:  }
```

このプログラムの第 8 行から第 11 行までが if 文であり，第 8 行の if 文のカッコの中で変数 x の値を調べており，その値が負のときは第 9 行の sqrt 関数を実行する代わりに，第 11 行の printf 関数の文を実行し，入力の値が負であることを表示している．

if 文の一般的な構文は以下である．

if(条件式) 文 1 else 文 2   (if 構文 A) ifの次のカッコの中に条件式を書き，この条件式が成り立っていれば文1を実行し，成り立っていなければ文2を実行する．このif文のパターンを (if構文A) とする．上のプログラムで条件式は x >= 0.0 であり，これは変数xが0か0より大きいことを表している．この条件が成り立っていれば文1に対応する第9行の文が実行され，成り立っていなければ文2に対応する第11行の文が実行される．すなわち第7行で変数xに入力された値が正か0の場合にはその平方根の値が表示され，負の場合には

```
Input number is negative
```

と表示される．なお上のプログラムではif文を構成する文1，else，文2の前で改行して複数行に分け，プログラムを見やすくしているが，これらを1行に書いてしまってもプログラムとしては同じである．

　if文で指定した条件が成り立たない場合に行う処理がない場合には，上で示したifの構文のelse以下を省略することができる．

> if(条件式) 文1　　　　　　　　　　　　　　　　　　　　　　　　　(if構文B)

これを (if構文B) としよう．この場合条件式が成り立てば文1を実行するが，成り立たない場合は何も実行しない．プログラム5.1でxが負のときには何の表示もなくてよい場合には，第10行と第11行を単に削除すれば (if構文B) になるので，それで期待した動作をする．

まとめ

- if文は「if(条件式) 文1 else 文2」(if構文A) という形式をしている．
- 条件式が成立するとき文1，しないとき文2が実行される．
- 文2が必要ないとき，else以下を省略した「if(条件式) 文1」(if構文B) という形式でもよい．

5.1.2　条件式

　ここでifの次に来るカッコの中に書く条件式について説明する．条件式は次の形式をしている．

> 式1 比較演算子 式2

プログラム5.1では式1が変数x，式2が定数 0.0，比較演算子が >= である．条件式に使え

る比較演算子は次のものがある.

==	式1と式2が等しい
!=	式1と式2が異なる
>	式1が式2よりも大きい
<	式1が式2よりも小さい
>=	式1が式2よりも大きいか等しい
<=	式1が式2よりも小さいか等しい

　ここで**式1**,**式2**は変数,定数,あるいはそれらを組み合わせた数式である.

　さて,ここで少し用語について説明しておこう. if 文のカッコの中に書く条件が条件式となっていて,条件だけでなく式が付いている理由である.論理学という数学では,合っているか間違っているかが決まる記述のことを論理式と呼ぶ.この数学用語を C 言語を初めとしたプログラミングの世界で借用している.たとえば上記のプログラムに出てきた x >= 0.0 という記述は x が正か 0 のときに合っている,負のときに間違っていると結論付けられる.したがってこの記述が論理式といえるわけである.合っているか間違っているかをこの論理式の値と呼び,合っているときの値を真,間違っているときの値を偽と名付けている[3].そしてこの真または偽のことを論理値と呼んでいる.上の x >= 0.0 は x の値の応じて数値ではなく,真または偽という論理値を返す論理式なのである.また比較演算子はその左辺の右辺の値を比較して真または偽の論理値を返す論理演算子である.

　さて比較演算子が比較する 2 つの値の型が異なる場合,4.3 節「四則演算と式」で説明した数値に対する演算子と同じ規則が適用される.整数型と浮動小数点型のデータが比較された場合,整数型のデータが浮動小数点型変換されて比較される.したがって上のプログラムの x >= 0.0 を x >= 0 に変えても結果は変わらない.x が浮動小数点型 (float 型) で 0 が整数型 (int 型) であるので,0 が浮動小数点型に変換されて x >= 0.0 と同じになるからである.

　条件式についてはもう一つだけ知っておかなければならないことがある.それは複数の論理式の結合である.上のプログラムでは x が 0 以上か否かで処理を変えればよかったが,たとえば x が 10 以上で 20 未満のときだけ何かの処理を行いたい場合もある.x が 10 以上の条件式は x >= 10.0,20 未満の条件式は x < 20.0 で表現できるが,目的を達するにはこれらを結合して,同時に成り立ったときに真になるような条件式にしなければならない.これには論理

---

3) 英語では真は true,偽は false であり,それぞれ略して T および F で表すことが多い.

積演算子&&を用いる．条件式を x >= 10 && x < 20 とすると 10 以上かつ 20 未満という条件式
になる．このように論理式を結合する演算子を**論理演算子**というが，差し当たって必要な論理
演算子はもう一つ論理和演算子である．これは || で表記され，これはこの演算子で結合される
2 つの論理式のどちらかが正しいとき真になる[4]．論理演算子を用いた条件式の構文は

> 論理式 1 論理演算子 論理式 2

で，論理演算子は

> &&　論理積演算　論理式 1 と論理式 2 が共に真のとき真
> ||　論理和演算　論理式 1 と論理式 2 の少なくともどちらが真のとき真

である．また論理演算子には否定の演算子もあって，記号はエクスクラメーションマーク[5]
(exclamation mark) (!) である．これが作用する論理式は 1 つで，論理式の前に付けるとそ
の論理式の値が反転する．構文として書けば

> ! 論理式

であり，

> !　否定演算　論理式が真のとき偽，偽のとき真

である．例を示すと !(x > 10) は x が 10 以下のとき真，10 より大きいとき偽になる．なお
論理式のさらに詳しい説明は 11.4 節「論理式と論理演算子」で行う．

まとめ

- if 文の条件式は，比較演算子を使用した論理式を，論理演算子で結合することで構成する．
- 比較演算子には == (等しい)，!= (異なる)，> (大きい)，< (小さい)，>= (大きいか
  等しい)，<= (小さいか等しい)，がある．

---

[4] 論理積はかつである．ここで例に挙げた条件を言葉で表現すれば 10 以上かつ 20 未満ということになる．同
　様に論理和はまたはである．
[5] 感嘆符，すなわちびっくりマークの正式名称である．

- 論理演算子には `&&` (論理積: かつ)，`||` (論理和: または)，`!` (否定: でない)，がある．

5.1.3 複文の利用

条件式の説明が終わったところで if 文のバリエーションについてもう少し見てみよう．if 文の構文説明で，条件が成り立てば**文1**，成り立たなければ**文2**が実行されると述べたが，これではどちらの場合も1つの文しか実行できないことになる．しかしながらどちらの条件に関しても，複数の文を実行したいときがある．そのようなときには波カッコ (`{`と`}`) で複数の文を囲むと，全体で1つの文と扱いが同じになる**複文**の機能を使う．すなわち

{ 文1 文2 文3 ... }

という記述を1つの文が要求されるところに書くと，この中の全ての文が記述されたことと同じになる．なおこの複文のまとまりはブロックと呼ばれる．プログラムとしての必然性はないが，複文の説明としてプログラム5.1の第9行に複文を適用してみると以下のようになる．

プログラム5.2

```
 1:  #include <stdio.h>
 2:  #include <math.h>
 3:  int main(void)
 4:  {
 5:    float x;
 6:    printf("Input a number => ");
 7:    scanf("%f",&x);
 8:    if(x >= 0.0) {
 9:      float y;
10:      y = sqrt(x);
11:      printf("Square root of %f is %f\n",x,y); }
12:    else
13:      printf("Input number is negative\n");
14:    return 0;
15:  }
```

上記のプログラムで第8行の { から第11行の } までが複文になっている．この波カッコの位置はプログラムの見やすさの観点から決めればよく，必ずしも上のプログラムに倣う必要はないが，if 文の始まりの行 (第8行) に始まりのカッコ { を置き，複文を構成する最後の文 (第11行) の終わりに終わりのカッコ } を置く上の例が，1つの目安にはなる．また第13行の x が負のときに実行される文は複文にはしていないが，もちろんこの文も複文にすることは可能である．

　複文を構成するブロックについて説明したので，ここでこのブロック内で宣言された変数の有効範囲について補足しておきたい．ブロック内で宣言された変数は，そのブロック内でのみ使用することができる．プログラム 5.2 の第9行では変数 y が宣言されているが，この変数が使えるのは第8行から第11行にあるブロック内のみであり，第12行以降では利用できない．

まとめ

- 波カッコ ({}) で複数の文を囲むことで，全体として1つの文として機能させることができる．これを複文，あるいはブロックと呼ぶ．
- ブロックの中で変数を宣言することができる．しかしその変数はそのブロックの中だけで有効である．

5.1.4　複数の if 文の組み合わせ

　ここで複数の if 文の組み合わせについて説明する．基本的に if 文の構文は 5.1.1 項で示した (if 構文 A) か，それから else を省略した (if 構文 B) しかない．しかし if 文の中の文として別の if を組み込むことが可能で，これによって少々複雑な if 文ができあがる．このような複数の if 文の組み合わせについて考えてみる．まず if 文自体も全体として一つの文であることに注意してほしい．したがって別の if 文の中の文として使用することができる．たとえば

```
if(条件式) 文 1 else 文 2
```

という (if 構文 A) の構成をもつ if 文の文 2 として同じく (if 構文 A) の別の if 文を入れると次の構成になる．

```
if(条件式 1) 文 1 else if(条件式 2) 文 2 else 文 3
```

このようにすると，まず条件式 1 が評価され，それが真ならば文 1 が実行され，偽ならば2番目の if 文が実行されることになる．すると条件式 2 が評価され，その値が真ならば文 2，偽な

らば**文3**が実行される．これは実際のプログラムの例で説明すると以下になる．

```
1:  if(x < 0.0)
2:    printf("The numver is negative\n");
3:  else if(x < 10.0)
4:    printf("The numver is less than ten\n");
5:  else
6:    printf("The number is equal to or bigger than ten\n");
```

上の構文の**条件式1**に当たるのが x < 0.0 である．したがってまずこの条件式が評価され x が 0 より小さいならば第 2 行の printf 文が実行される．そうではなくて x < 0.0 が偽，すなわち x が 0 以上ならば**条件式 2** に当たるのが第 3 行の x < 10.0 が評価される．もしこれが真ならば 第 4 行の printf 関数が実行され，偽ならば第 6 行の printf 関数が実行される．まとめると x が 0 未満のとき第 2 行，0 以上 10 未満のとき第 4 行，10 以上のとき第 6 行の printf 文が実行 されることになる．

　以上は単純な例であるが，ここでは if 文の中の文を別の if に置き換える操作で複雑な if 文 が構成されることを理解してほしい．文の置き換えに使用する if 文は (if 構文 A) のものでも (if 構文 B) のものでもよい．上での例以外に，1 つ目の if 文の**文 1** を if 文としたり，2 つ目 の if 文の**文 2** や**文 3** をさらに if 文にするなどが可能である．このようにして複数の if 文に なった場合でも，どのような形で if 文が組み合わされてるか調べることによって，各文がど のような条件のときに実行されるかが理解できる．ただしこの際に曖昧な状況が生じる場合が あること，そしてその曖昧性をどのようなルールでなくしているかを説明しておこう．

　次のプログラムを見てほしい．

```
1:  if(x > 0.0)
2:  if(x > 10.0)
3:    printf("Condition A\n");
4:  else
5:    printf("Condition B\n");
```

このプログラムの第 5 行は x がどのような値のときに実行されるであろうか．1 つの考えは， 1 行目の if と 4 行目の else が (if 構文 A) の組になっていると考えて，第 1 行の条件が成り立

たないとき，すなわち x が 0 か負のときに実行されるという考えである．もう 1 つは第 4 行の else は第 2 行の if と (if 構文 A) の組になっていると考えて，x が 0 以上 10 未満のときに実行されるという解釈である．これらの解釈をもう少し形式として説明すると，第 1 行の if 文が

> if (条件式 2) 文 2 else 文 3　　　　　　　　　　　　　　　　　　　　　　　　(if 構文 A)

という形式であり，この文 2 として第 2 行に

> if (条件式 1) 文 1　　　　　　　　　　　　　　　　　　　　　　　　　　　　　(if 構文 B)

という形式の if 文が埋め込まれているのか，あるいは第 1 行の if 文が

> if (条件式 1) 文 1　　　　　　　　　　　　　　　　　　　　　　　　　　　　　(if 構文 B)

という形式であり，その文 1 として第 2 行に

> if (条件式 2) 文 2 else 文 3　　　　　　　　　　　　　　　　　　　　　　　　(if 構文 A)

という形式の if 文が埋め込まれていると考えるのか，どちらの解釈も可能であるという問題である[6]．この曖昧性をなくすために，C 言語では if 文内の else は近い方の if と組になるというルールを設けている．したがって上の場合は後者の解釈になり，第 5 行が実行されるのは x が 0 以上 10 未満のときである．

まとめ

- if 文中の文を，さらに別の if 文とすることで複雑な if 文が構成できる．
- 文法的に複数の if に対応する可能性のある else がある場合，最も近い位置にある if に対応させるルールがある．

5.1.5　if 文のパターン

　if 文に関して知っておかなければならないことは以上である．5.1 節では if の構文に関して，単純な 2 つのタイプの構文を組み合わせて複雑な if 文を構成するという形で説明した．そ

---

[6] この曖昧性を古典的にはぶら下がり else の問題という．

の理由は，コンピュータのプログラミング言語の仕様は，このように小数の構文を組み合わせる形で記述されるからである．本書の読者はまだプログラムをどうにか書けるようになろうという段階だと思われるので，自分で新たなプログラミング言語を設計してコンパイラを作成するなどは思いもよらないかもしれないが，将来本格的なコンピュータ技術者になったら自分でプログラミン言語を設計するようなことも可能になる[7]．そのための準備として，このような説明に少しでも慣れておいた方がよいと考えたからである．ただ最初はこのような理詰めの説明ではなく，まずはプログラムパターンとして覚えてしまうことも，プログラミングを習得する上で助けになるかもしれない．そこで以下に if 文の構成についてあまり考えなくてよいように，if 文の書き方をパターンとして説明しよう．

その方法は，if 文に使われる文を全てブロック (複文) にすることである．そのようにすると if と else の対応に悩まなくて済む．最初のパターンは以下である．

if(条件式) { 文 1-1 文 1-2 … } else { 文 2-1 文 2-2 … }　　　　　　　(パターン 1)

このパターンで，else と次の複文は必要がなければ省略できる．

if(条件式) { 文 1-1 文 1-2 … }　　　　　　　　　　　　　　　　　(パターン 1')

ここでブロックを構成する文は複数である必要はなく，1つの文でもよい[8]．このパターンに倣えば，先の else の if の対応に関する曖昧性の問題も生じない．else はブロックの中の if とは対応しないからである．5.1.4項のプログラム例で説明すると

```
1:  if(x > 0.0) {
2:    if(x > 10.0) {
3:      printf("Condition A\n"); }
4:  } else {
5:    printf("Condition B\n"); }
```

---

[7] C言語が開発されたときに使われていたオペレーティングシステムは UNIX であるが，新しいプログラミング言語を自分で設計し，そのコンパイラを作成する手助けをするツールとして lex と yacc というプログラムが用意されていた．これらのプログラムの進化版が現在の Linux でも利用できる．

[8] 実際には文を全く書かなくてもエラーにはならない．

と書けば else は前の if と対応し，

```
1:  if(x > 0.0) {
2:    if(x > 10.0) {
3:      printf("Condition A\n"); }
4:    else {
5:    printf("Condition B\n"); }
6:  }
```

と書けば else は後の if と対応する．

　if 文で条件を次々と検査するタイプのプログラムでは，次のパターンとする．

> if(条件式 1) { 文 1-1 文 1-2 … }
> else if(条件式 2) { 文 2-1 文 2-2 … }
> else if(条件式 3) { 文 3-1 文 3-2 … }
> …
> else { 文 n-1 文 n-2 … }　　　　　　　　　　　　　　　　　（パターン 2）

このパターンでも，必要がなければ最後の else 以降の部分は省略可能である．

> if(条件式 1) { 文 1-1 文 1-2 … }
> else if(条件式 2) { 文 2-1 文 2-2 … }
> else if(条件式 3) { 文 3-1 文 3-2 … }
> …　　　　　　　　　　　　　　　　　　　　　　　　　　　　（パターン 2'）

このパターンでは最初に条件式 1 が評価されて，成り立てば文 1-1 を含むブロックが実行され，成り立たなければ次に条件式 2 が評価される．これが成り立てば文 2-1 を含むブロックが実行されるが，成り立たなければ条件式 3 が評価されて，という動作を行う．もしどの条件も成り立たない場合，else があればその次の文 n-1 を含むブロックが実行される．なければ何も実行されない．5.1.4 項のプログラムコードにこのパターンを適用させれば，以下となる．

```
1:  if(x < 0.0) {
2:    printf("The numver is negative\n"); }
3:  else if(x < 10.0) {
4:    printf("The numver is less than ten\n"); }
5:  else {
6:    printf("The number is equal to or bigger than ten\n"); }
```

単に各 printf 関数の文を波カッコで囲んだだけであるが，このようにしておけば各ブロックにいくつ文を追加しても動作は明瞭である．

まとめ

- 複数の if 文を組み合わせたときに生じる複雑性を回避するため，if に付随する文をブロックにした if 文使用のパターンを利用することができる．
- 1つの条件による分岐のときは (パターン 1) または (パターン 1')，複数の条件の連続的な検査のとき (パターン 2) または (パターン 2') を使用する．

5.2　for 文と while 文

　ユーザに5つの数を入力してもらい，その合計を計算するプログラムを作ることを考えよう．単純にプログラムを作れば以下のようなプログラムとなるだろう．

プログラム5.3

```
1:  #include <stdio.h>
2:  int main(void)
3:  {
4:    float sum, x;
5:    sum = 0.0;
6:    printf("Input a number (1) => ");
7:    scanf("%f",&x);
8:    sum = sum + x;
9:    printf("Input a number (2) => ");
10:   scanf("%f",&x);
```

```
11:    sum = sum + x;
12:    printf("Input a number (3) => ");
13:    scanf("%f",&x);
14:    sum = sum + x;
15:    printf("Input a number (4) => ");
16:    scanf("%f",&x);
17:    sum = sum + x;
18:    printf("Input a number (5) => ");
19:    scanf("%f",&x);
20:    sum = sum + x;
21:    printf("The sum is %f\n",sum);
22:    return 0;
23: }
```

　まず第5行で合計を入れる変数 sum を0にしておき，第7，10，13，16，19行で5回変数 x に数を入力してもらい，その都度その次の行で sum に入力された値を足していく．しかし数を入力し sum に足すという同じ文を5回書くのは明らかに非効率である．足す数の個数が5個ならまだよいかもしれないが，これがたとえば100個になった場合，同じ文を100回書くのは明らかに現実的ではない．そこで特定のプログラム文を決められた回数だけ繰り返すというループの機構が必要になる．

5.2.1　for 文

　C言語でループを構成する最も一般的な構文は for 文による構文である．上のプログラム5.3と同じ機能を for 文を使ったループにして書き換えてみよう．

プログラム5.4

```
1: #include <stdio.h>
2: int main(void)
3: {
4:    float sum, x;
5:    sum = 0.0;
```

```
 6:    int i;
 7:    for(i = 1; i <= 5; i = i + 1) {
 8:      printf("Input a number (%d) => ",i);
 9:      scanf("%f",&x);
10:      sum = sum + x;
11:    }
12:    printf("The sum is %f\n",sum);
13:    return 0;
14: }
```

上のプログラムの第7行から第11行がfor文によるループである．第8行から第10行までの3行がループとして繰り返される部分であり，前のプログラム5.3の第6行から第20行と同じ動作をする．次にfor文の構文について説明し，上のプログラムのforループについて解説するが，その前にループを含むプログラムに関する注意をしておく．ループを含んだプログラムでは，条件の設定を違った場合などにループがいつまでも終了せず，プログラムが停止しない現象が起こることがある．この場合には3.1節で説明したコントロールC（Ctrlキーを押しながらCを押す）による方法で止めてほしい．

　for文の構文は以下である．

> **for(式1 ; 条件式 ; 式2) 文**

for文の実行が始まったとき，まず式1が実行される．次に条件式が評価され，値が真ならば(条件が成り立っていれば)文が実行される．もし値が偽ならば(条件が成り立ってなければ)文を実行せずにfor文は終了する．文が実行された場合，それが終了すると式2が実行され，また条件式の評価に戻る．そして前回と同様にこの結果によって文が実行されるかどうか決定される．そしてこの動作が条件式の条件が成り立たなくなるまで繰り返される．このfor文の動作を図にまとめたのが下図である．まずfor文に入ると①で式1が実行され，次に②で条件式が評価される．その結果が真ならば③で文が実行され，次に④で式2が実行される．そのあとまた②で条件式の評価に戻って真のうちは③の文の実行からの動作を繰り返し，偽になれば⑤でfor文の実行を終了して次の文の実行に移る．

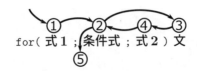

　さて for 文の動作が分かったところで，上のプログラム 5.4 を解析していこう．まず第 7 行
の for 文に入ると，式 1 に対応する i = 1 が実行され，i に 1 が代入される[9]．次に条件式で
ある i <= 5 が評価されるが，i は 1 なので 5 以下であり，値は真であるので文が実行される．
ここでの文は複文になっているので，そのブロックの内部の文である第 8 行から第 10 行が実
行されることになる．ここで足すべき数字が x に入力されて sum に加算される．その後式 2 で
ある i = i + 1 が実行され i の値は 2 になる．また i <= 5 が評価されるが，まだ 5 以下であ
るので，今度は i の値が 2 の状態で第 9 行から第 11 行が実行される．これが i が 5 になるまで
繰り返され，式 2 の i = i + 1 によって 6 になった時点で for 文は終了し第 14 行の実行に移
る．このプログラムでは，この後変数 i は使用されていないが，値はこの時点では 6 になって
いる．

　for 文の説明を終えるに当たって 2 点ほど補足しておきたい．for 文の式 2 の部分では，上
記のプログラムのように整数変数に 1 を加える，または 1 だけ減じるという操作をすることが
多い．これはもちろん変数 i に操作する場合には i = i + 1 あるいは i = i - 1 と記せばよ
いのであるが，C 言語にこの操作の別記法があり，1 加える場合は i++ または ++i，1 だけ
減じる場合には i-- または --i と書いてもよい．2 つのプラス記号 (+) あるいはマイナス記
号 (-) を変数名の前につけるか後につけるかは，ここでの使用法ではどちらでもよい[10]．たと
えばを i++ 使うと，第 7 行は

```
for(i = 1; i <= 5; i++) {
```

と書くことができる．この記法を使用しているプログラムも多い．

　もう一点は for 文の式 1 に関してである．変数 i は第 6 行で for 文に入る前に宣言されてい
るが，for 文の式 1 での特別なルールとして，式 1 の中で変数宣言も同時に行うことができる．
このルールを使うと，第 6 行を削除し，第 7 行を

```
for(int i = 1; i <= 5; i++) {
```

---

[9] i = 1 という代入操作を表す記述が式と呼ばれるのは不自然に感じるかもしれないが，C 言語ではこの代入
　を表す記述も，文法的には式として扱われる．このことについては 11.3 節「代入演算子」で説明する．

[10] 違いは 11.3 節「代入演算子」で説明する．

とすればよい[11]. ただしこのようにして宣言した変数は for 文の文である第 7 行の { と第 11 行の } に囲まれた部分でしか使用できないことに注意してほしい. すなわち, この文のブロック内で宣言された変数と同じ扱いということである. 一方, 変数の宣言を for 文の前で行った場合には for 文を出ても変数はもちろん有効である. 上記の記法はこの点が異なる.

5.2.2 while 文

次はループを構成するもう一つの構文である while 文について説明する. while 文の構文は以下である.

while(条件式) 文

while 文の機能は, 条件式が真である間, 文を繰り返すことである. for 文はプログラム 5.4 のように, 決まった回数だけ繰り返す処理に適した構文であるが, while 文は何かの条件が成立している間ループを繰り返すのに適した構文である. ある条件の反対 (否定) を条件式として記述すれば, その条件が満たされたときループを終了するので, while 文をある条件が満たされるまでループを実行するのに適した文といってもよい.

具体的なプログラム例として, 単純なプログラムであるが, 合計が 100 を超えたらループを終了するプログラムを示す. この例は合計が 100 以下ならばループする動作をすればよいので, while 文を使用するのに適している.

プログラム 5.5

```
1:  #include <stdio.h>
2:  int main(void)
3:  {
4:    float sum, x;
5:    sum = 0.0;
6:    while(sum < 100.0) {
7:      printf("Input a number => ");
8:      scanf("%f",&x);
9:      sum = sum + x;
```

---

[11] ここでの記法は 13.1 節で述べる初期化の記法と同じである.

```
10:    }
11:    printf("The sum is %f\n",sum);
12:    return 0;
13: }
```

　動作の説明は次の通りである．第6行の while 文には，変数 sum が 0 の状態で入るので，条件式である sum < 100.0 が成立し，ループの文である第7行から第9行が実行される．第9行が実行された後，また条件式の sum < 100.0 が評価されてループを実行するか否かが決定される．その時点で sum が 100 以上になっていればループを終了し，第11行以降の実行に移る．

　for 文は定まった回数の繰り返しのループに適していて，while 文はある条件が満たされるまでのループに適していると説明したが，そのようなループしか扱えないということではない．そのようなループが書きやすいという意味である．for 文の各要素を別に記述すれば，同じ動作が while 文で実現できる．その例として，for 文を使ったプログラム 5.4 と同じ動作を while 文を用いて実現したプログラム 5.6 を以下に示す．プログラム 5.4 の for 文の式 1 に対応する i = 1 を第7行で，式 2 に対応する i = i + 1 を while 文の文の最後の位置である第12行で実行している．そして for 文の条件式の i <= 5 は while 文でも同様に条件式になっている．このプログラムの動作を追ってみて，プログラム 5.4 と同じ動作であることを確認してほしい．

プログラム 5.6

```
1: #include <stdio.h>
2: int main(void)
3: {
4:   float sum, x;
5:   sum = 0.0;
6:   int i;
7:   i = 1;
8:   while(i <= 5) {
9:     printf("Input a number (%d) => ",i);
10:    scanf("%f",&x);
11:    sum = sum + x;
12:    i = i + 1;
```

```
13:     }
14:     printf("The sum is %f\n",sum);
15:     return 0;
16: }
```

まとめ

- プログラムで繰り返し (ループ) を構成するには for 文か while 文を利用する.
- for 文は「for(式 1 ; 条件式 ; 式 2) 文」という形式で，ループに入る前に式 1 が実行され，その後に条件式の評価，文の実行，式 2 の実行を繰り返す．そして条件式が成立しなくなったらループを終了する.
- while 文は「while(条件式) 文」という形式で，まず条件式を評価し，条件が成立していれば文を実行し，成立していなければ while 文を終了する．この動作を条件式が成立しなくなるまで繰り返す.

5.3 break 文と continue 文

　前節で，ループを構成するための基本的な構文として for 文と while 文を説明した．for 文は一定の回数処理を繰り返す場合，while 文は条件が満たされるまで繰り返す場合に適していると説明したが，データの処理に必要とされるループはこのような定型的なループばかりではない．そのため，様々な変則的なループにも対応するために，break 文と continue 文がある.

　break 文は for 文，あるいは while 文のループの中で使用すると，下の図のように直ちに引き続くループの処理を中止してループの外へ出てしまう.

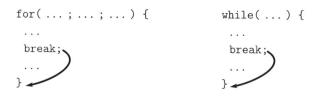

一方 continue 文はそれ以降のループの文の実行を中止することは break 文と同じであるが，ループを抜けるのではなく，次に示す図のように次のループを開始する．すなわち for 文であれば式 2 の実行，while 文であれば条件式の評価に移る.

```
for( ... ; ... ; ... ) {          while( ... ) {
    ...                               ...
    continue;                         continue;
    ...                               ...
}                                 }
```

　break 文も continue 文も，それらを単独で使ったのでは通常は意味がなく，if 文と組み合わ
せて使用し，ある特殊な条件が生じたときにループを終了したり，次のループを開始したりす
るために使用する．簡単な例としてプログラム5.4の第9行と第10行の間に if 文と continue
文を挿入して以下のようにすると，負の数を入力しても加算されなくなる．ただし入力を聞い
てくる回数は5回のままで変わらない．

プログラム5.7

```
1:   #include <stdio.h>
2:   int main(void)
3:   {
4:     float sum, x;
5:     sum = 0.0;
6:     int i;
7:     for(i = 1; i <= 5; i = i + 1) {
8:       printf("Input a number (%d) => ",i);
9:       scanf("%f",&x);
10:      if(x < 0.0) continue;
11:      sum = sum + x;
12:    }
13:    printf("The sum is %f\n",sum);
14:    return 0;
15:  }
```

一方第10行の continue 文を break 文に代えると，負の数を入力した時点ですぐに第13行の変
数 sum の値の表示に移る．
　繰り返し処理に関する最後の話題として，無限ループと break 文あるいは continue 文による
ループの構成について触れておきたい．無限ループというのは無限に繰り返すループであり，

これは次のように for 文のカッコの中の式を全て省略してしまうか，while 文の条件式を 1 と
する[12]かによって実現できる．

> for(;;) 文
> while(1) 文

もちろんこれだけでは永遠に終了しないプログラムになってしまうので，ループを終了する条
件が整ったとき，break 文によって終了する．

　無限ループを使ったプログラムの例として，正の数を入力している限りは加算し，負の数を
入れた場合は加算せずに無視し，0 を入れた場合に終了するプログラムを以下に示す．どのよ
うに無限ループと break 文および continue 文が動作するかを考えてほしい．

プログラム 5.8

```
 1:  #include <stdio.h>
 2:  int main(void)
 3:  {
 4:    float sum, x;
 5:    sum = 0.0;
 6:    for(;;) {
 7:      printf("Input a number => ");
 8:      scanf("%f",&x);
 9:      if(x < 0.0) {
10:        printf("Ignored\n");
11:        continue; }
12:      else if(x == 0.0) {
13:        printf("Quit the loop\n");
14:        break; }
15:      sum = sum + x;
16:    }
```

---

[12]　条件式の部分に整数である 1 を記述するのはおかしいと思うかもしれない．こうしてよい理由は 11.4 節
　　「論理式と論理演算子」で説明する．

```
17:    printf("The sum is %f\n",sum);
18:    return 0;
19: }
```

まとめ

- ループの途中で処理を終えるための文として continue 文と break 文がある．for 文または while 文の中で continue 文が実行されると次のループを開始する．break 文が実行されるとループを終了する．

- 無限ループと continue 文，あるいは break 文を使用して独自のループを構成することができる．無限ループは for(;;) または while(1) で構成する．

演習問題

問題 5.1

float 型の変数 x にキーボードより値を入力し，その値が負の場合は negative，0 以上 10 未満の場合は small，10 以上 100 未満の場合は medium，100 以上 1000 未満の場合は big，1000 以上の場合は huge と表示するプログラムを作れ．

問題 5.2

float 型の変数 x が以下に示す数直線 (a)，(b)，(c) が示す範囲であった場合に真となる条件式を作れ．なお数直線上の黒丸はその値を含むことを示し，白丸は含まないことを表す．

問題 5.3

以下の for と同じ動作をする文を while 文を使って実現せよ．次に無限ループと break 文を使って実現せよ．ただし int 型の変数 i はすでに宣言されているものとする．

```
1:    for(i = 0; i <=100; i = i + 10) {
2:       printf("%d\n",i);
3:    }
```

第6章

配列と文字列

多くの数のデータを扱いたい場合，たとえば100個の数をプログラムの中で変数に代入して保持しておきたい場合，100個の変数を作る必要がある．1つの変数が1つの数字しか記憶できないとしたら，このような場合には100個の異なった名前の変数を作らなければならない．これはいかにも非現実的である．このような場合には，1つの名前の変数で複数のデータを記憶する機構である配列を用いる．本章ではまず6.1節で，配列について説明する．

本章のもう1つのテーマは文字列である．たとえば文章を記憶しておきたい場合，文章とは複数の連続した文字であるので，これを記憶しておく必要がある．1つの文字は文字の番号，すなわち整数で表される．したがって int 型に文字も記録できるが，特に文字を表す整数を記録するのに適した変数として char 型という型がある．char 型は整数型の一種である．文章を記憶する場合，char 型の配列を作りそこに入れる．この配列を文字列と呼んでいる[1]．6.2節では文字の配列で表現される文字列についても説明する．

6.1 配列

配列とは複数のデータを格納できる変数である．図4.1を用いた最初の変数の説明において，変数のイメージを数を入れておける箱のようなもので説明した．このイメージでは配列は沢山の箱が連なったものである．変数の説明でも示したように，実際には変数はメモリの上に作られる．配列も同様に複数の数を入れるためにメモリ上に連続して取られた領域である．

配列を宣言する構文は以下である．

---

[1] 3.2節「C プログラムの構造と printf 関数」ではダブルクォーテーション (") で囲んだいくつかの文字が文字列であると説明した．この文字列と，ここで説明している文字列の関係は13.4節「文字列と文字列ポインタの初期化」で説明する．

> 型 配列名 [要素数] ;

通常の変数の宣言と同様にまず配列が記憶するデータ型を最初に書き，次に配列の名前を書く．配列の中の個々の変数のことを配列の**要素**というが，変数名に続けて角カッコの中に必要な要素の数を記述する．そして最後にセミコロンで終える．たとえば変数の型がint型，変数名がaryで要素数が10の配列を宣言するには以下のようになる．

```
int ary[10];
```

この配列を使用する場合も配列名と角カッコを使用し，角カッコの中に使用する要素の番号を入れる．構文として記せば以下となる．

> 配列名 [要素番号]

ここで**要素番号**は少々注意が必要で，1ではなく0から始まることに気を付けてほしい．上の例では最初の要素がary[0]で最後の要素がary[9]になる．要素番号として要素の数を超えるような番号を指定してはいけない．上の例では，たとえばary[10]は11番目の要素を指定することになってしまうので無効である[2]．また要素番号は整数型の変数でも式でもよい．しかしこの場合も要素の範囲を超えないようにしなければならない．

　配列の使用例として，5個の数字を入力してそれを入力した順の逆から出力するプログラム6.1を示す．第4行で要素数5のfloat型の配列dataを宣言し，第6行から始まるfor文の中の第8行で，dataの各要素に値を入力している．その後第10行からのfor文で値を逆から出力する．

> **プログラム6.1**

```
1:  #include <stdio.h>
2:  int main(void)
3:  {
```

---

[2] このようにしてもコンパイル時にはエラーにならない．プログラムを実行するときにエラーになることもあるし，ならないこともある．しかしプログラムとしては間違いであり，このような間違いは見つけにくいので注意する必要がある．

```
 4:    float data[5];
 5:    int i;
 6:    for(i = 1; i <= 5; i++) {
 7:      printf("Input a number (%d) => ",i);
 8:      scanf("%f",&data[i-1]);
 9:    }
10:    for(i = 4; i >= 0; i--) {
11:      printf("%f\n",data[i]);
12:    }
13:    return 0;
14: }
```

まとめ

- 複数の変数をひとまとまりとして扱う機構に配列がある．配列宣言は「型 配列名 [要素数];」とする．
- 配列の各要素は「配列名 [要素番号]」の形で使用する．要素番号は 0 から始まり，最大の番号は「要素数-1」である．

6.2 文字と文字列

　本節では C 言語での文字と文字列の扱いについて説明するが，文字としてはかな漢字変換を介さず，キーボードから直接入力できるアルファベットや記号のみに限る．なお，このようにキーボードから直接入力できる文字のことを **ASCII**(アスキー) 文字という．もちろん C 言語でも日本語は扱えるが，日本語の文字の表現は複雑であるので最初に学ぶ文字表現としては適さない．日本語の文字でも，各文字に番号をつけて整数で表現するという原理は変わらないので，まずは単純な ASCII 文字で文字表現の原理を理解してほしい．

6.2.1 ASCII 文字と char 型

　表 6.1 が ASCII 文字と，それに付けられた番号との対応表である．なお文字の番号のことを文字コードと呼ぶ．特に ASCII 文字の文字コードを **ASCII コード**と呼ぶ．すなわち表 6.1 は ASCII コード表である．この表から，たとえば A は 65，Z は 90，プラス記号 (+) は 43 の

表6.1　ASCIIコード表

コード	文字	コード	文字	コード	文字	コード	文字
0	NULL 文字 (\0)	50	2	78	N	106	j
		51	3	79	O	107	k
7	ビープ音 (\a)	52	4	80	P	108	l
8	バックスペース (\b)	53	5	81	Q	109	m
9	水平タブ (\t)	54	6	82	R	110	n
10	改行 (\n)	55	7	83	S	111	o
11	垂直タブ (\v)	56	8	84	T	112	p
12	改ページ (\f)	57	9	85	U	113	q
13	復帰 (\r)	58	:	86	V	114	r
		59	;	87	W	115	s
32	スペース	60	<	88	X	116	t
33	!	61	=	89	Y	117	u
34	" (\")	62	>	90	Z	118	v
35	#	63	?	91	[	119	w
36	$	64	@	92	\ (\\)	120	x
37	%	65	A	93	]	121	y
38	&	66	B	94	^	122	z
39	' (\')	67	C	95	_	123	{
40	(	68	D	96	`	124	|
41	)	69	E	97	a	125	}
42	*	70	F	98	b	126	~
43	+	71	G	99	c		
44	,	72	H	100	d		
45	-	73	I	101	e		
46	.	74	J	102	f		
47	/	75	K	103	g		
48	0	76	L	104	h		
49	1	77	M	105	i		

文字コードであることが分かる．また文字コード 32 のスペースとは何も文字を表示しないで 1 文字文だけ位置を空ける空白文字のことで，キーボードのスペースキーで入力される文字のことである．

　少し補足が必要なのはコード 0 の NULL(ナル[3]) 文字と，7 から 13 までの文字である．NULL 文字は後ほど文字列の項（6.2.4 項）で説明する．コード 7 のビープ音から 13 の復帰

---

[3] NULL をローマ字読みしてヌルと表記されることが多いが，英語としての発音はナルの方が近い．

はコントロールコード (制御文字) と呼ばれ，何らかの文字を表すのではなく，文字を表示するときにその表示位置を制御するなどの目的で使われる．たとえばコード 10 の改行は行を改めて次の行に進めという指示で，これを画面に出力したときには改行され，引き続く文字は次の行から表示される．またコード 7 のビープ音は警報音をならせという指示で，これが画面に出力されると文字が表示されるのではなく警告音が鳴る．

さてこれらの ASCII 文字を記憶しておく変数としては，もちろん int 型の変数が使えるが，ASCII コードは大きな数ではないので，大きな数まで扱える int 型ではメモリ上のスペースに無駄ができる．そのため ASCII 文字コード用の小さな整数を記録できる整数型として char 型がある[4]．char 型の変数には-128 から 127 までの整数が記憶できるので，ASCII コードを記録しておくには十分である．

さて文章は文字の連なりであるので，これを記録するには文字の配列を用いればよい．たとえば Hello という文章を記録するためには char 型の配列を用意し，1 番目の要素に H のアスキーコードである 72，2 番目に e のコードである 101，と続けていき 5 番目の要素に o のコード 111 を入れればよい．しかしながらここでの問題は，このようにしていくと文章がどこで終わりかが分からないことである．以前にも説明したように配列は実際にはメモリ上に取られる．メモリは特に区切りがあるわけでないので，文章，すなわち文字列の終わりを示す印が必要になる．C 言語ではこの印に 0 というコード (数字) を使っている．以上の説明を示したプログラム 6.2 が以下である．

プログラム 6.2

```
1:  #include <stdio.h>
2:  int main(void)
3:  {
4:    char str[10];
5:    str[0] =  72;
6:    str[1] = 101;
7:    str[2] = 108;
8:    str[3] = 108;
9:    str[4] = 111;
```

---

[4] char 型は文字を表す英単語である character から来ている．

```
10:    str[5] =  10;
11:    str[6] =   0;
12:    printf("%s",str);
13:    return 0;
14: }
```

上の例ではHelloという単語の次に改行コードである10を入れた．これによりprintf関数で画面に出力した際にHelloという文字を出力した後に改行される．改行コードの次には文字列の終わりを示す0を入れる．配列strの要素数はHelloという単語のため5，改行コードのために1，文字列の終わりを示す0のために1の合計7あればよいが，文字列は配列の大きさと関係なく0という印で終わることを示すために，ここでは要素数を10にしている．またこのようにして作成した文字列を表示するprintf関数の書式にも注目してほしい．文字列を表示するには変換文字として"%s"を使う．それに対応する変数には文字列を格納した配列の配列名のみを書く．なぜ配列名だけでよいか10.3節で説明するが，ここではこのような記法を使うということだけ覚えてほしい．

6.2.2 文字定数とエスケープシーケンス

次は文字定数について説明する．上のプログラムで文字コードをASCIIコード表で調べて配列に入れた．しかしプログラマーがコード表を見て数字を調べるのは面倒である．そこでC言語には**文字定数**という，シングルクォーテーション（'）で文字を囲むとその文字のコードになるという表記法がある．たとえば上の例では'H'とすると72，'e'とすると101という整数になる．

またコントロールコードを数字ではなく文字として表現する方法としてエスケープシーケンスという記法も説明しておく．コントロールコードは文字ではないので，それに対して文字定数などの記法を適用しようとして場合，シングルクォーテーションの中に書くべき文字がない．そこでバックスラッシュに続けて1文字を組み合わせる記法を用いてそれを表す．この記法がエスケープシーケンスである．表6.1の文字の欄のカッコ内にそれぞれのコントロールコードに対応するエスケープシーケンスを記入した．これまで改行を表す\nは多く使ってきたが，表にあるように他のエスケープシーケンスもある．エスケープシーケンスを使うと見かけ上は2文字になるが，実際は1文字の情報である．一方バックスラッシュ（コード92）はエスケープシーケンスの表記のために使われたので，それ自身を表す記法も必要になった．そのためこの文字もエスケープシーケンスとし，バックスラッシュを2つ書くこと（\\）で表現し

ている．その他ダブルクォーテーション (コード 34) を表すエスケープシーケンス (\")，シングルクォーテーション (コード 39) を表すエスケープシーケンス (\') もある．これらは，これらの記号が特別な意味をもつ記法の中で，記号本来の文字を表すために使われる．文字定数ではシングルクォーテーションが特別な意味をもつので，それ自身の文字定数を表すことができない．そのようなときにこのエスケープシーケンスによる表現を用いて '\'' と記載する．また文字列の終わりを表す数字の 0 も NULL 文字としてエスケープシーケンスでの表現 \0 をもっている．これは整数の 0 のことであるが，文字列の終了文字としての意味を明確にする場合に，この記法が使われる．

　プログラム 6.2 のプログラムを文字定数を使って書き換えるとプログラム 6.3 のようになる．

プログラム 6.3

```
1:  #include <stdio.h>
2:  int main(void)
3:  {
4:    char str[10];
5:    str[0] = 'H';
6:    str[1] = 'e';
7:    str[2] = 'l';
8:    str[3] = 'l';
9:    str[4] = 'o';
10:   str[5] = '\n';
11:   str[6] = '\0';
12:   printf("%s",str);
13:   return 0;
14: }
```

6.2.3　`printf` 関数での文字の出力

　文字に関する説明をしたところで，`printf` 関数で整数を文字として出力する記法について説明しておく．`printf` 関数である整数を，それを文字コードとしてもつ文字を出力した場合の変換文字は `%c` である．以下のプログラム 6.4 を見てほしい．

プログラム 6.4

```
1:  #include <stdio.h>
2:  int main(void)
3:  {
4:    int i;
5:    i = 'A';
6:    printf("Character %c has code number %d\n",i,i);
7:    return 0;
8:  }
```

変数 i には文字 A の文字コード 65 が入っている．これを 65 という数字として表示する場合は printf 関数の変換文字に %d を指定するが，この番号の ASCII コードをもつ文字として表示する場合には，変換文字として %c を指定する．上のプログラムの printf 関数では，変換文字が %c の位置には文字の A，%d の位置にはそのコード 65 が表示される．またここで第 5 行で変数 i に代入する値を 'A' から '0' に変えて実行してみてほしい．0 という文字のコードは 48 であることが分かるであろう．文字の 0 と整数としての 0 とは別のものであることを理解していただくためにこの例を挙げた．

6.2.4 文字列の入力

最後に char 型の配列にキーボードから文章を入れる方法について説明しておく．char 型の配列の配列名を str とすれば，この配列への入力は scanf 関数を使って

```
scanf("%s",str);
```

のようにすればよい．この scanf 関数はキーボードで押された文字を順次配列 str に格納していき，これを Enter キーが押されるまで続ける．Enter キーが押されたら入力を終了し，次の位置に文字列の最後を示す NULL 文字を入れる．なお Enter キーが押されたことにより発生した改行コード (\n) は読み込まれない．配列 str の大きさは，入力された全ての文字と配列の最後を示す NULL 文字が入るだけの大きさがなければならない．scanf 関数では引数で与えられた配列の大きさが分からないので，文字数が多すぎると配列の範囲を超えてデータを代入してしまう可能性があるので注意する必要がある．一般的には，十分大きな要素数の配列を取っておけばよい．また scanf 関数による文字列の入力では空白 (スペース) 文字は特別扱いをして

おり，空白は文字列を構成する文字とは認識しない．入力の最初に空白があれば読み飛ばし，空白以外の文字列の後に空白が続けばそこで入力を終了してしまう．上記の方法は空白を含まない文字列の入力方法と認識してほしい．

　なお空白も含めて入力したい場合は，`fgets` 関数を利用して

```
fgets(str,100,stdin);
```

とすることで，それが可能である．2番目の引数の 100 は配列 str の要素数である．`fgets` 関数の場合はこのように配列の要素数を与えるので，配列の範囲を超えて入力するという問題は起こらない．`fgets` 関数はファイルからの入力関数として 8.2.2 項 (102 ページ) で説明するが，ファイルポインタに stdin を指定することによって，ファイルからではなくキーボードからの入力に使用することができる．この機構について本書では説明しないが，詳細は**標準入力**というキーワードで関連書籍を調べてほしい．K&R では 185 ページ，196 ページ，207 ページに記述がある．なお `fgets` 関数を使用したときは，文字列のデータとして改行コードも読み込まれる．

　以下のプログラム 6.5 はキーボードから (空白を含まない) 文字列を読み込んで，その中に小文字のアルファベットが含まれていればそれだけ大文字に変換して表示するプログラムである．第5行で1行分の文章を文字列 str に読み込み，第6行からの for ループで配列の文字を1文字ずつチェックしている．文字列の終わりは第7行の if 文で，小文字のアルファベットかどうかは第8行の if 文で判定している．アルファベットの小文字ならば大文字に変換している．ここで変換の式がなぜこのように書かれるのか，ASCII コード表を見ながら考えてほしい．

プログラム 6.5

```
1:  #include <stdio.h>
2:  int main(void)
3:  {
4:    char str[100];
5:    scanf("%s",str);
6:    for(int i = 0; i < 100; i++) {
7:      if(str[i] == '\0') break;
8:      if(str[i] >= 'a' && str[i] <= 'z') str[i] = str[i] + ('A' - 'a');
```

```
 9:   }
10:   printf("%s\n",str);
11:   return 0;
12: }
```

まとめ

- C 言語で文字を表すのに ASCII コードが利用される．ASCII コードは各文字につけられた番号である．

- ASCII コードにはコントロールコードと呼ばれる制御を表すコードがある．コントロールコードにより，改行などを行うことができる．

- ASCII コードを入れておくのに適した大きさの整数型として char 型がある．この配列に文字列を入れておくことができる．文字列の終わりの印として文字コード 0 の文字である NULL 文字を使う．

- プログラム上で，文字からその ASCII コードを得るのに**文字定数**という記法が使える．コントロールコードやプログラムの中で特別な意味をもつ文字を表現するためには**エスケープシーケンス**という記法が利用される．

- printf 関数で，整数を ASCII 文字として出力する場合の変換文字は %c である．

- scanf 関数を用いて char 型の配列に文字列を入力する場合には，変換文字として %s を指定する．

コラム 6.1　テレタイプと ASCII 文字

　ASCII コードの ASCII とは，American Standard Code for Information Interchange の略で，情報交換のためのアメリカの標準コードという意味である．コンピュータで文字を表現するコードとして，情報交換のためのという名前はちょっと変なのではないかと感じるかもしれないが，実はこの理由はテレタイプと関係がある．

　テレタイプとは図の右下に示されているような装置で，キーボードとプリンタが 1 台にまとめられたような機械である．これを 2 つ電話回線のような通信回線を介してつなげると，1 台のキーボードで打った文字が他方のテレタイプのプリンターで印字される．この機能によって離れた場所での情報通信にテレタイプが使われた．たとえば 1 台をニューヨークに置き，もう 1 台を東京に置けば通信回線を通じて文章をやり取りできる (図の (a))．今でこそインターネットが普及して地球の裏側にいる友達とでもテレビ電話ができるが，20 世紀の初めから中ごろにかけては国際電話などの通信回線が海外との最も早い通信手段で，これを使って文章

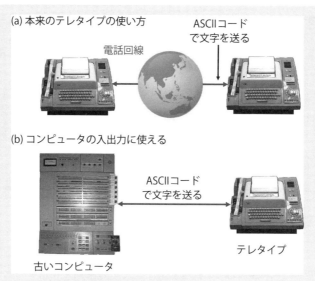

(a) 本来のテレタイプの使い方
電話回線
ASCIIコード
で文字を送る

(b) コンピュータの入出力に使える
ASCIIコード
で文字を送る
テレタイプ
古いコンピュータ

図　テレタイプとコンピュータ

を送れるテレタイプは，たとえば特派員が海外のニュースを送る際に便利に使用できた．実は ASCII コードはこのテレタイプを意識して設計された文字コードであったのである．テレタイプは通信回線を通じてたとえば 0 から 127 までの数字を連続して送れるようになっている．この数字に文字を割り当てれば，文章の送信ができる．また文字コードにコントロールコードが含まれているのは，受信側のテレタイプにそのような動作をさせる必要があったからである．

　さて ASCII コードがコンピュータとの関係を持ち始めたのは，コンピュータが開発されて間もなくである．今でこそコンピュータは美しいディスプレーとキーボードやマウス，さらにはカメラや音声認識といった多様の入出力装置を備えるが，黎明期のコンピュータは満足な入出力装置がなかった．そこでテレタイプを入出力装置として使うことを考えたのである．通信回線で使われるのと同じ信号をコンピュータからテレタイプに送れば，文字を印字できる．テレタイプでタイプされた文字は通信回線に流れるのと同じ信号としてコンピュータが受け取ることができる (図の (b))．このように初期のコンピュータにとってはテレタイプは手ごろな入出力装置であった．そこで使われた文字コードが ASCII であったため，現在のコンピュータでも文字の表現に ASCII コードを使っている．

　なおコンピュータの入出力装置として使用されていたテレタイプは，コンピュータが普及するにつれそれ専門の装置に入れ替えられていった．その装置が端末 (terminal) と呼ばれる装置である．入力装置はキーボードであるが，初期の端末の出力装置は CRT ディスプレー[a]であり，表示できる図形も文字だけであった．その後入力装置としてはマウスなどが加わり，出力装置は液晶ディスプレーに変化するとともに，表示内容も複数のウインドウが利用でき，

図形や画像も表示できるようになった．しかし場合によっては昔ながらのキーボードと文字
表示のみ端末が有用なこともある．そこでそれを古い単機能の端末をシミュレート[b] するソ
フトウエアが作られた．そのようなソフトウエアも端末と呼んでいる．第 2 章では端末を装
置として紹介したが，端末というプログラムがある理由はこのような歴史からである．

---

[a] CRT は cathode-ray tube のことで，真空管の図形表示装置である．日本ではブラウン管とも呼ば
れた．液晶ディスプレーが普及する前に，テレビでもコンピュータの表示装置としてもよく使われ
た．

[b] シミュレート (simulate) とは，あるものを別の手段で模倣すること．

演習問題

問題 6.1

float 型の要素数 100 の配列 xary を宣言せよ．またこの配列を使用するとき，その最小の要
素番号と最大の要素番号は何か．

問題 6.2

int 型の要素数 10 の配列 iary1 と要素数 20 の配列 iary2 を宣言せよ．

問題 6.3

char 型の要素数 100 の配列 cary にキーボードから空白を含まない文字列を読み込んで，読
み込んだ文字を画面に 1 文字ずつ縦に表示するプログラムを作れ．

問題 6.4

char 型の要素数 100 の配列 cary にキーボードから空白を含まない文字列を読み込んで，そ
の文字列の長さ (文字の数) を表示するプログラムを作れ．

問題 6.5

char 型の要素数 100 の配列 cary にキーボードから数字の 0 から 9 の文字から成る文字列を
読み込んで，その文字列に含まれる 0 から 9 の文字の，それぞれの個数を表示するプログラ
ムを作れ．

問題 6.6

char 型の要素数 100 の配列 cary にキーボードから空白を含まない文字列を読み込んで，前
後を逆にした文字列を作成して表示するプログラムを作れ．

なお，ここで問題にしたような文字列を扱う関数群は予め作成されている．これらの関数に
関しては K&R の 7.8.1 項 (202 ページ) を参照のこと．

第7章

関数

　これまで文字を画面に出力する printf 関数や，キーボードから情報を入力する scanf 関数などを使ってきたが，関数とは何かを正式には説明してこなかった．本章では C 言語において関数とは何かを説明する．

　数学においては，関数とは入力の数値に応じて異なった値の数値を返す規則のことである．C 言語の関数もこの数学における関数の概念を踏襲しており，何らかの値を入力として与えることができ，それを用いて演算を行い，その結果を関数の値として返すことができる．そして関数から返された結果は式の中で使用される．関数の入力となる数値のことを関数の引数，関数が出力する数値のことを戻り値ということは第2，3章で述べた．

　一方，C 言語の関数は上で述べた数学的関数の概念と異なる側面ももっている．それはあるまとまった処理を束ねておく入れ物のような役割である．たとえば Pascal などのコンピュータ言語では関数とは別に手続き (procedure) という機構があって，これが手続きをまとめる役割を担っているが，C 言語ではこれがなく，関数で代用される．そのため戻り値を返さない関数も定義できるようになっている．

　printf 関数や scanf 関数は上の説明の後者の用途である．画面に情報を出力したりキーボードから文字を読んだりするには多くの手続きか必要である．それをプログラマーがいちいち書くのは非効率なので，その仕事をするプログラムをパックしてある．しかし printf 関数なども実際に戻り値を返し，何らかの演算が含まれる式の中で使用することもできる．しかしながら関数単独でも文法的には式であるし，また戻り値を変数に代入せず捨ててしまっても問題ないので関数のみで文が構成できる．

　今述べた printf 関数や scanf 関数はできあいの関数である．C コンパイラの製作者が作り，コンパイラと共に提供してくれている．しかし我々が自前の関数を作ることも可能である．本章で，関数の作成法や作った関数の使い方を説明する．

7.1　関数の定義と利用

関数を使うにはもちろん関数を作っておかなければならない．これを関数の定義という．関数の定義を構文を示せば

```
型  関数名( 型 引数 1 , 型 引数 2, … )
{
    …
    return 戻り値;
}
```

となる．最初の型は関数の返す戻り値のデータ型である．これを関数の型といっている．次にスペースを空けて次に関数名を書き，それに続けてカッコの中に引数の型と引数を入れる変数名を書く．引数が複数ある場合にはカンマで区切って必要なだけ続ける．関数の本体はその後に続ける．例を示した方が分かりやすい．たとえば int 型の引数と float 型の引数を一つずつ取り，戻り値として float 型のデータを返す関数 func は以下のようになる．

```
float func(int ai, float ax)
{
  ...
  return r;
}
```

引数の位置に書いた ai と ax はそれぞれ int 型，float 型の変数になる．関数 func が呼び出されたときに引数として与えられた値がこれらの変数に入っており，関数の中で利用できる．たとえばこの関数が

```
y = func(10,20.0);
```

という形で呼び出された場合，関数の実行が始まった段階で ai に 10，ax に 20 という値が入っている．ここで関数に与える値の型が関数の引数の型と異なっていてもよい．その値が変数に代入されるときに変数の型に変換される．したがって上記の関数の呼び出し文は

```
y = func(10,20);
```

としても

```
y = func(10.0,20.0);
```

としても，aiとaxに入る値は同じである．関数の最後の文は一般にreturn文である．return
という文字の次にスペースを空けて戻り値を保持する変数を書く．ここではrという変数がそ
れであると仮定した．戻り値の型がfloat型であるので，rも戻り値と同じfloat型であるこ
とが望ましいが，もしint型やchar型でも型変換でfloat型に変換されるので問題はない．ま
たこの位置には一般の式が書ける．たとえばこの部分に

```
return 2.0*r+1.0;
```

などとしてもよい．またreturn文は必ずしも関数の最後にある必要はない．関数のどの位置
にあってもreturn文が実行された段階で関数の実行を終了し，プログラムの実行は関数を呼
び出したプログラムの位置に戻る．

　先ほど述べたように，戻り値を返さない関数も定義可能である．これには関数の型の位置に
voidを指定すればよい．念のため記しておくがvoidというデータ型があるわけではない．こ
のようなvoid型の関数は戻り値がないので演算式の中で使用したり，戻り値を変数に代入し
たりすることはできない．またvoid型の関数の中のreturn文の次に式を書いてはいけない．
さらにvoid型の関数にはreturn文自体がなくてもよい．その場合には関数に含まれる文が最
後まで実行されると関数が終了する．

　なお関数の型を省略してしまってもエラーにはならず，関数の型としてint型が指定された
ものとして扱われる．これは古いC言語で書かれたプログラムとの互換性のためであり，現在
プログラムを書くのにこのルールを使用することは避けなければならない．関数が返すデータ
がint型なら，それを指定するべきである[1]．

　一方引数に関して，何も引数を取らない関数の場合は

```
int func(void) { ... }
```

---

[1] C++ではこのルールはなく，関数の型を省略するとコンパイルエラーになる．

のように引数を指定する部分にvoidを指定する．引数の部分を全て省略してしまって

```
int func() { ... }
```

とすると，引数なしを指定したことにはならない．この効果は，次に述べるコンパイラによる
引数のチェックを無効にすることである[2]．これも古いC言語との互換性のためであるから，
エラーにならないからといってこの機能を使用することは好ましくない．引数がないときには
voidを指定するのがよい．

　関数はそれを使用する前に定義するか，さもなければ7.3節で説明するプロトタイプ宣言を
しておかなければならない．その理由は関数が使われている部分で，引数の数と型，そして戻
り値の型をコンパイラがチェックして，関数が誤りなく使用されていることを確認するためで
ある[3]．もし引数の数が少ないなど，誤った使い方がされているとエラーとして報告する．

　以下に簡単な関数の利用例を示す．日本では温度の単位は摂氏 (C°) であるが，アメリカで
は華氏 (°F) が使われている．華氏で示されても日本人には感覚がつかめないので，華氏から
摂氏への変換テーブルを作成してみたい[4]．華氏 F から摂氏 C への変換式は

$$C = \frac{5}{9}(F - 32)$$

であり，この計算部分を関数としてプログラムを作成しよう．

プログラム7.1

```
1:  #include <stdio.h>
2:  float ftoc(float f)
3:  {
4:    float c;
5:    c = (5.0/9.0)*(f - 32.0);
6:    return c;
7:  }
```

---

[2]　C++では引数を省略するとvoidを指定したのと同じになる．

[3]　ここまでで頻繁に使用してきたprintf関数の引数は，表示したい内容に応じて引数の数も変われば型も変
　　わった．標準的にはこのような関数は許されないが，C言語では引数の数と型が変化する関数を定義する方
　　法も用意されていて，その説明はK&Rの7.3節 (189ページ) にある．printf関数はこれを使っている．

[4]　これはK&Rの1.2節 (10ページ) に載っている問題である．

```
 8:   int main(void)
 9:   {
10:     int i;
11:     for(i = 0; i <= 300; i = i + 20) {
12:       printf("Fahrenheit %d = Celsius %f\n",i,ftoc(i));
13:     }
14:     return 0;
15:   }
```

第2行から第7行の間で ftoc という関数を定義し，第12行の printf 関数のなかで使っている．第11行の for 文で変数 i が華氏の値に対応し，0から300まで20刻みで増加する．この変数は int 型であるにもかかわらず ftoc の引数として使われている．これは第2行の関数 ftoc の定義で引数は float 型であることが分かるので，自動的に float 型に変換されて関数に渡されるので問題はない．

　以上関数の作成法と使用法を示したが，戻り値として関数から返せる値は1つだけであった．場合によっては複数の値を返したい場合がある．たとえば複素数の関数では実数部と虚数部の2つの float 型の値を返したいと考えらえる．このように複数の値を関数から返す場合には，戻り値を構造体としたり，引数をポインタ変数にするなどの方法で可能である．構造体については第12章，ポインタ変数に関しては第10章で取り上げるので，これらの方法はその部分で説明する．

　なお関数の形式を知ってから，上のプログラムの第8行から第15行までを見ると，これまでのプログラムで単なる形式としてきた部分の意味が理解できるはずである．この部分は main という名前の関数の定義なのである．main 関数は特別な関数で，プログラムが実行されたときに初めに呼ばれる関数になっている．この関数の実行が終了すればプログラム全体が終了する．main 関数は引数を取らずに int 型の戻り値を返す．しかし返された値は C プログラムの中で使われるのではなく，プログラム全体を開始した OS がその値を受け取る．詳細な機構は述べないが，プログラムを実行した直後，端末から

```
$echo $?
```

とすれば main 関数が返した値を見ることができる．

まとめ

- 関数は「 型 関数名 (型 引数 1 , 型 引数 2 , ...) { ... }」という形式で定義する.
- 関数は「 return 戻り値; 」という文で終了し, 戻り値を返す.
- 関数の引数や戻り値に, 関数を定義したときに指定した型とは異なる型を与えても, 本来の型に変換される.
- 戻り値を返さない関数は, 関数の型として void を指定する. また引数を取らない関数は, 関数定義で引数を指定するカッコの中に void を指定する.
- main 関数の返す値は, プログラムが終了した直後に端末で「echo $?」とタイプすることによって知ることができる.

7.2 配列の引数

関数の引数として単一の値ではなく, 配列データを渡したい場合がある. その場合は関数の定義の引数の部分を

型 関数名 (型 配列名 []) { ... }

とする. 引数の型の位置に引数として渡そうとする配列の型を書き, 次に配列名, そして角カッコ ([]) をカッコの中に何も入れないで書く. ここでの配列名は関数の中で使う場合の配列名である. 参考までに示すが, 上の定義は

型 関数名 (型 *配列名) { ... }

のように配列名の後に角カッコ ([]) を書く代わりに, 配列名の前にアスタリスク (*) を記しても同じ意味になる. そしてこの関数を使う場合には

関数名 (配列名)

のように角カッコを付けずに, 配列名だけを書く. こちらの配列名はこの関数を呼び出すプログラムでの配列の名前である. 例を示そう. int 型の配列を引数として取り, 戻り値として int 型を返す関数 func は

```
int func(int ary[]) { ... }
```

または

```
int func(int *ary) { ... }
```

のように定義する．int型の配列arrayが，たとえば

```
int array[100];
```

のように宣言されていた場合，これを先の関数funcに引数として渡して関数を実行し，int型の変数jに代入する文は

```
j = func(array);
```

と記述する．

　実際のプログラム例として10個の数値をキーボードから読み込んで，その平均を計算するプログラム7.2を示そう．平均を計算する関数averageは引数として配列を取る．

プログラム7.2

```
1:   #include <stdio.h>
2:   float average(float data[], int size)
3:   {
4:     int i;
5:     float ave;
6:     ave = 0.0;
7:     for(i = 0; i < size; i++) {
8:       ave = ave + data[i];
9:     }
10:    return ave/size;
11:  }
12:  int main(void)
```

```
13:  {
14:    int i;
15:    float x[10];
16:    for(i = 0; i < 10; i++) {
17:      printf("Input a number (%d/10) => ",i+1);
18:      scanf("%f",&x[i]);
19:    }
20:    printf("Average is %f\n",average(x,10));
21:    return 0;
22:  }
```

第2行の関数 average の第1引数が float 型の配列であり，引数として渡された配列は関数の中で data という配列名で使用できる．この行は

```
float average(float *data, int size)
```

としても同じである．これを使っているのは第8行である．ここで気を付けてほしいのは，このようして受け取った配列の要素数 (サイズ) はこれだけでは分からないということである．そのため第2引数として int 型の引数 size を取り，そこへ data の要素数を入れるようにしている．main 関数の第20行で average 関数が呼ばれるが，ここで渡す配列は第15行で宣言した配列 x である．第16行からの for 文で10個の数字を配列に格納し，第20行で関数 average に渡している．配列 x の要素数は10であるので，第2引数は定数の 10 としている．

> **まとめ**
> - 関数の引数として配列を受け取るには，引数指定を「型 配列名 []」とするか「型 *配列名」とする．
> - 配列を受け取った関数では，それだけでは配列の大きさは分からないので，必要な場合には別の引数で行列の要素数も渡す．

7.3 関数の宣言

上のプログラムのように，関数は使用する前に定義するのが基本であるが，関数の宣言を使

用する前にしておけば，定義自体は後でもよい．宣言というのは関数がどのような型の引数を
どのような順番でいくつ必要とし，どのような型を戻り値として返すかという情報だけを示す
文で，大まかにいえば関数の定義の最初の部分だけを書いたものである．なお，関数の宣言
はプロトタイプ宣言ということもあるが，同じ意味である．

先に示した

```
float func(int ai, float ax) { ... }
```

という関数に対しては，宣言は

```
float func(int, float);
```

となる．すなわち関数の定義から引数の変数を省略し，{と}で囲む関数の本体を続ける代わ
りにセミコロン (;) で文を終えてしまう．ただここで注意すべきことは引数が配列の場合であ
る．上の場合，関数の定義は average 関数

```
float average(float data[], int size) { ... }
```

となっているが，この関数の関数宣言においては配列を表す各カッコは省略してはならない．
すなわち関数宣言は

```
float average(float [], int);
```

となる．

なお関数宣言において，引数の変数を書いてもエラーにはならない．上の2つの例では

```
float func(int ai, float ax);
float average(float data[], int size);
```

と宣言してもよい．プログラマーが関数の使い方を思い出すのに関数宣言を利用することがあ
るので，どのような意味の引数かを変数名として書いておくのも有用なことがある．上の関数
average の変数宣言では，この関数が平均 (average) を計算する関数で，最初の引数がデータ
を入れた配列 (data) で，2番目の引数がその要素数 (size) であることは容易に推測できる．

最後に，関数宣言を利用して ftoc 関数を main 関数より後に定義したプログラムを記載する．

変更点は第2行に関数 ftoc のプロトタイプ宣言を入れて，main 関数と ftoc 関数の位置を入れ替えただけである．

プログラム7.3

```
 1: #include <stdio.h>
 2: float ftoc(float);
 3: int main(void)
 4: {
 5:   int i;
 6:   for(i = 0; i <= 300; i = i + 20) {
 7:     printf("Fahrenheit %d = Celsius %f\n",i,ftoc(i));
 8:   }
 9:   return 0;
10: }
11: float ftoc(float f)
12: {
13:   float c;
14:   c = (5.0/9.0)*(f - 32.0);
15:   return c;
16: }
```

まとめ

- 関数を定義する前に使用する場合には**関数の宣言**を行う．関数の宣言は関数のプロトタイプ宣言ともいう．

演習問題

問題 7.1

関数 func が次のように定義されていたとする．なお関数の本体は省略してある．

```
void func(void) { ... }
```

ここで void という単語が 2 つ使われているが，最初の void と 2 番目の void の意味を述べよ．

問題 7.2

C 言語の関数は以下の例のように，関数の中で自分自身の関数を呼び出すことができる．

```
int func(int i)
{
  ...
  j = func(k);
  ...
}
```

このような関数の呼び出しを再帰的 (recursive(リカーシブ)) な呼び出しという．もちろん再帰的な呼び出しをもつ関数は，その関数が呼び出されたときいつも自分自身を呼び出したのでは永遠に終了しない[5] ので，ある条件のときには自分自身を呼び出さないで終了するようにプログラムする必要がある．

さてここで数学で階乗 $n!$ を考えてみる．階乗の定義は 1 から n までの全ての整数の積が定義であるが，n の階乗は n と $n-1$ の階乗との積であるという定義もできる．そして $n=1$ のときは $n-1$ の階乗の定義を利用せずに $1!=1$ と定義される．この定義を利用して，再帰的に関数を呼び出すことによって n の階乗を計算する関数 factorial を作成せよ．

---

[5] もちろん現実にはエラーとなって終了する．

第8章

ファイルの利用

　第2章で説明したように，コンピュータにおいて大量のデータを長期的に記憶するデバイスとしてディスクがある．ディスクを利用するときにはファイルというものを作成してディスクを利用する．コンピュータ用語ではなく一般の用語としてファイルといえば，書類をまとめて閉じておく文房具のことである．コンピュータ用語としても概念的には同じで，ファイルはデータが整理されて入っているディスク上の入れ物である．

　ファイルを利用するにはまずオープン (open) という作業が必要で，その後にファイルに対してデータの読み書きをする．そして使い終わったらさらにクローズ (close) という作業もしなければならない．なぜそのような面倒な手続きが必要かはディスクの構造に起因している．実はディスクに限らず，ネットワーク通信のように実際にデータの読み書きをするまでに準備と後始末が必要なデバイスでは，オープンとクローズの操作を必要とする．本章では 8.1 節でまずディスクの構造から，なぜオープンという準備とクローズという後始末が必要かを 8.2 節で説明し，8.3 節で C 言語のプログラムではどのようにそれらを行えばよいかを説明する．

8.1　ディスクの構造とバッファリング

　2.1.3項で説明したように，ディスクの構造は図 8.1 に示すように磁性体が表面にコーティングされた円盤があり，その上に磁気的に情報を記録するようになっている．この円盤はプラッタ (platter) と呼ばれる．情報を記録するのはヘッド (head) と呼ばれる部品で，電磁石のように電流を流せば磁石となってプラッタ上に情報が記録でき，電流を流さずに磁気の検知器として使用すればプラッタに記録された情報を読み出すことができる．ヘッドはアーム (arm) と呼ばれる長い棒の先に付いている．アームは根元で回転できるようになっており，先端に付いたヘッドはプラッタ上を移動できるようになっている．プラッタは高速で回転しているので，

図 8.1 ディスクの構造

ヘッドが一定の位置に留まっていると，円盤の半径が同一の円形の部分に情報が記録される．この円形の情報の記録部分をトラック (track) と呼ぶ．アームを移動させると異なった直径のトラックに情報を記録することができる．このようにして，同心円状の複数のトラックを作って，多数のデータを磁気的に記録していくのがディスクである．また一つのトラックの中はいくつかの一定の大きさ[1] の部分に区分けされていて，これをセクタ (sector) という．ディスクの読み書きはセクタ単位で行うことになっている．メモリではアドレスを指定してセルごとに読み書きができたが，ディスクではトラックとセクタを指定して，一定量のデータを読む，あるいは書くということを行う．

　さてこのようにディスクはトラックとセクタを指定して，一定量のデータを読んだり書いたりするようにできているが，この方式はディスクを使う立場からはきわめて使いにくい．プログラムからデータを書き込む場合，どの程度のデータ量になるか予め分かっていることはまれであるので，いくつのセクタを予約しておけばよいか分からない．またスペースが足りなくなるごとに，空いているセクタを探して準備することも煩雑である．ディスクを使う側からいえば，データを書く場合には書く場所を作ってデータを好きなだけ書いて終わったらおしまいにしたいし，読む場合には読むべきデータを指定して，その最初から順次読み込んで，読み込むべきデータがなくなったら終わりにする使い方が望ましい．このような使い方をするために本章で説明するような関数群が用意されているのであるが，この関数群の動作のための準備が

---

[1] 4kB(キロバイト) であることが多い．

オープンという処理で，後始末がクローズという処理である．

　またバッファリング (buffering) のことにも触れておきたい．先に述べたように，ディスク
は回転する円盤の上に情報を記録していく構造になっている．したがってデータを読む処理も
書く処理もすぐにはできず，ディスク上の該当位置がヘッドのところに来るまで待たなければ
ならない．この機械的な動作は，純電子的に動作する CPU やメモリの動作速度と比べると非
常に遅い．そのためディスクのデータを必要になり次第読み書きする方法だと，処理全体が
ディスクの動作速度に引きずられてしまい，非常に遅くなる．そこでバッファリングが行われ
る．図8.2に示すように，バッファ (buffer) とはメモリ上に設けられた，ディスクの情報の一
時保管場所である．データを読む場合には，プログラムから要求されたデータの前後を含む一
定量のデータをディスクから読み込んでメモリのバッファに格納しておく．プログラムが必要
なデータは連続していることが多いので，次の読み込み要求は先読みしたバッファの中にある
ことが多い．そのため次の読み込みではメモリ上のバッファのデータをプログラムに渡せばよ
いことが多く，高速化がはかれる．バッファの中のデータが全て利用され終わって初めて，新
たな一定量のデータをディスクからバッファに読み込む．データを書き出す場合も事情は同じ
で，データを書き込むべきセクタがヘッドの下に来るまで待たないとデータが書き込めない．
これは非効率であるので，書き込む場合も書き込みの要求があってすぐにディスクに書き込む
のではなく，一旦バッファに書き込む．バッファがいっぱいになった段階ではじめて実際に

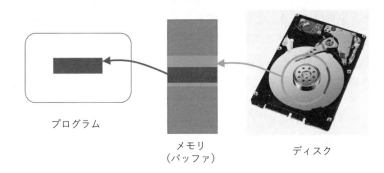

プログラム　　　　　　　　　メモリ　　　　ディスク
　　　　　　　　　　　　　（バッファ）

図8.2　データのバッファリング

ディスクに書き込むことで，処理の高速化が図れる．このようなバッファの準備はオープンの
処理で行われる．一方プログラムの処理が終わった段階で必ずしもバッファにデータがいっぱ
いになっているとは限らないので，バッファの内容が全てディスクに書き込まれているとは限
らない．ディスクの使用を終了するときに，書き込まれていないバッファの内容をプラッタに
書き込み，バッファを開放[2]する．これはクローズの処理で行われる[3]．

まとめ

- ディスクはファイルを作成して利用するが，利用にあたっては利用前にオープン，利用後にクローズという処理を必要とする．

- オープンとクローズが必要な理由はディスクの構造に起因する．たとえば機械的な動作に伴う読み書きの遅さを補うためにバッファリングを行うが，このための準備や終了処理が必要であることなどが理由である．

8.2 ファイル操作のプログラム

ファイルの操作を行うプログラムを説明するにあたって，まず全体像を把握するために，1つの簡単なプログラム例を示し，それを説明することをしておこう．以下のプログラム 8.1 は abc という名前のファイルの内容を読み込んで，画面に表示するものである．

プログラム 8.1

```
 1:  #include <stdio.h>
 2:  int main(void)
 3:  {
 4:    FILE *fp;
 5:    fp = fopen("abc","r");
 6:    for(;;) {
 7:      int i;
 8:      i = fgetc(fp);
 9:      if(i == EOF) break;
10:      printf("%c",i);
11:    }
12:    fclose(fp);
13:    return 0;
14:  }
```

---

2) 他の用途に使えるように未使用の領域とすること．

3) 厳密にいうと，ディスクに対するデータ処理はもう少し複雑なのであるが，基本的にはここでの説明のように考えてよい．

　このプログラムを実行するためには abc という名前のファイルがなければならない．したがってこのプログラムを実行する場合には，予めエディタで abc という名前のファイルをプログラムと同じディレクトリに作っておこう．そのような状態で上のプログラムを実行すれば，そのファイルの内容が画面に表示されるはずである．

　さて上のプログラムの内部を見ていこう．まずファイルを扱うプログラムで必要なことは，第4行の

```
FILE *fp;
```

という記述である．これはファイルポインタと呼ばれる形式の変数の宣言である．この変数は読み書きするファイルを指定するために使われる．この宣言で作成している変数の名前は fp であるが，これは例としてそのようにしたまでで，自由な名前とすることができる．変数宣言の型にあたるところが大文字の FILE であったり，変数の前に，あるアスタリスクがついていたり通常の変数宣言とは雰囲気が異なるが，ここではこのようにするものと覚えてほしい[4]．次に，第5行の

```
fp = fopen("abc","r");
```

がファイルをオープンする関数である．第1引数の文字列"abc"がオープンするファイル名である．そして第2引数の文字列"r"は，ファイルからデータを読み込むためにオープンすることを表している．ファイルからデータを読み込む部分は第8行の

```
i = fgetc(fp);
```

である．fgetc という関数は先ほど第5行でオープンしたファイルから1文字読み込む．ここでは ASCII 文字の1文字なので，読み込んだ文字データを入れるだけならば char 型の変数でよいが，fgetc はデータをファイルの最後まで読み込んでしまって，読み込むデータが残っていないときに，char 型が表せる範囲を超えた整数を返す．この値は EOF という文字で表現されるが[5]．この値を正しく入れておくために char 型よりも大きい値を入れておける int 型の変数

---

[4]　FILE は stdio.h ファイルの中で定義されたシンボルで，ファイルに関する情報を保持する構造体へのポインタになっている．stdio.h に関しては第14章，ポインタに関しては第10章，構造体に関しては第12章で説明するので，これらを理解した後でもう一度この説明を読んでほしい．

[5]　EOF は stdio.h ファイルの中で定義されたシンボルで，通常は int 型の-1である．関数 fgetc は戻り値とし

iに代入している．そして第9行でiの値がEOFかどうかを調べ，EOFならばもう読み込むべきデータは残っていないことを示しているので，for文のループを抜ける．そして第12行の

```
fclose(fp);
```

でクローズの処理を行う．クローズしてしまうと変数fpで表されるファイルの内容は無効になり，これを使ってのファイルの読み書きはできなくなる．再び有効にするにはfopen関数により再びオープンしなければならない．

　以上でファイルを扱うプログラムの全体像をつかんでもらったので，以下にオープンとクローズ，データの読み書きを行う関数の詳細を見ていくことにする．そして最後にファイル操作に関連したその他の有用な関数を紹介する．

8.2.1　ファイルのオープンとクローズ

■fopen関数

　先に見たようにファイルのオープンはfopenという関数で行う．この関数は

```
fopen("ファイル名","モード")
```

という形式で利用する．最初の引数はこれから使おうとするファイル名である．ここでは詳細は説明しないが，ファイル名にはパス (path)[6] の記法が使える．

　モードは，ファイルからデータを読み込む場合にはr，ファイルへデータを書き込む場合にはwまたはa，読み書き両方を行う場合にはr+，w+，a+を用いる．書き込みあるいは読み書きの場合，モードの指定が複数あるが，これらはオープンするファイルがすでに存在，あるいは存在していなかったときの動作が異なる．これは表8.1にまとめてある．まずrの場合は読み込みであるので，ファイルがなければエラーになる．書き込みの場合，もし指定したファイルがなかった場合の動作はwもaも同じで，内容が大きさ0，すなわち何も入っていないファイ

てint型を返し，ファイルから読んだデータを下位1バイトに格納し，上位3バイトは0に設定する．しかしファイルの終わりのときは4バイト全てのビットを1にする．これがEOFである．関数fgetcの戻り値をchar型で受けてしまうと，下位1バイトが全て1のデータなのか，上位バイトまで1のEOFなのかの区別が付かなくなる．これがint型の変数に代入する理由である．なおstdio.hに関しては第14章，int型のビットは第9章で説明しているので，これらを理解した後でもう一度この説明を読んでほしい．

[6] ディスクの中のファイルは，ディレクトリという樹形状の構造を使って整理して格納されている．このディレクトリ内でのファイルの位置と名前の表現方法がパスと呼ばれる記法である．

表8.1　fopen のモード

fopen のモード	操作	ファイルあり	ファイルなし
r	読み込み	OK	エラー
w	書き込み	消去	作成
a	書き込み	消去せず追加	作成
r+	読み書き	OK	エラー
w+	読み書き	消去	作成
a+	読み書き	消去せず追加	作成

ルが作られる．もしあった場合，wはファイルの内容を消してしまって大きさを0にした状態でオープンされるが，aの場合はファイルの元々の内容をそのまま生かし，書き込みはその内容の次から付け加える形で行われる．以上がデータを読むだけ，または書くだけの場合であるが，読み書きを両方行う場合にはそれぞれのモードの文字の次にプラスを付ける．これらの違いはオープンしようとしたファイルが存在しないときエラーになるかならないか，また存在したとき内容を消去するかしないかの違いである．この動作がプラスを付けないモードを指定したときと同じになる．

　さて，上でfopen関数のエラーに関して述べたが，それを検出する方法を説明しなかった．これはfopen関数の戻り値で分かる．エラーのときにはNULL という記法で表される特別な値を返す[7]．ファイルポインタ変数をfpとすると，fopen関数は

```
fp = fopen("abc","r");
```

のように使われるが，その次に

```
if(fp == NULL) {...}
```

という文を入れれば，エラーのときには...の部分が実行される．

　ファイルの使用が終了したらfclose関数によってファイルをクローズする．引数にはクローズするファイルのファイルポインタを指定する．

```
fclose(fp);
```

---

[7] NULL は stdio.h ファイルの中で定義されたシンボルで，通常は void のポインタ型にキャストした0である．stdio.h に関しては第14章，ポインタ型については第10章で説明しているので，これらを理解した後でもう一度この説明を読んでほしい．

クローズ処理でエラーが起こることはまれなので，ここではエラーのチェックはしていないが，fclose 関数の戻り値でクローズ処理のエラーを知ることができる．fclose 関数の戻り値の型は int 型で，エラーがなければ 0，エラーがあれば EOF になる．

まとめ

- ファイルのオープンは fopen 関数で行う．その際ファイルの利用方法と，オープンするファイルの有無に対するオープン時の挙動をモードとして指定する．
- ファイルオープン時のエラーは fopen 関数の戻り値で知ることができる．エラーが起こったときには NULL が返される．
- ファイルのクローズは fclose 関数で行う．fclose 関数は，クローズ処理にエラーがあれば EOF，なければ 0 を返す．

8.2.2 データの読み込み

本節ではデータの読み込みを行う関数を紹介する．ここでは fopen によってオープンした情報はファイルポインタ fp に入っていると仮定する．

■ fgetc 関数

先ほど述べたように，ASCII 文字を 1 文字読み込む関数は fgetc である．変数 i を int 型として

```
i = fgetc(fp);
```

のように使用する．この関数はファイルの最初から呼ばれるごとに 1 文字ずつ読んでいき，最後まで読んでしまってデータがなくなったら EOF を返す．この様子を説明したのが下の図である．ここでは hello123xyz の 11 文字が入ったファイルがあるとする．下の上向きの太い矢印が次に読む文字を示している．ファイルをオープンした状態では図のように一番左にあるが，その状態で fgetc 関数が呼ばれると文字 h を返し，読み書き位置の矢印は右側に一つずれて e のところにくる．次に fgetc 関数が呼ばれると戻り値は e になり矢印は最初の l のところにくる．これを繰り返して最後の文字である z を読んでしまうと矢印は概念的は z の右どなりの枠がないところにくる．この状態でさらに fgetc 関数を呼ぶと，矢印はその状態のまま EOF が戻り値として返される．

　ファイルの中に文字で書かれた数値がある場合，それを数として変数に読み込むには fscanf 関数を使用する．これは scanf 関数のファイル版である．キーボードから読み込む代わりに，ファイルの内容を，それがあたかもキーボードからタイプされたと見なして変数への入力を行う．たとえば int 型の変数 i に整数を読み込みたければ

```
fscanf(fp,"%d",&i);
```

のようにする．最初に fp でファイルポインタを指定する以外，scanf 関数と使用法は同じである．この関数の戻り値は int 型でありファイルの終わりで EOF を返すので，戻り値を利用すればファイルの終わりを知ることもできる．

　例として以下に示すような内容のファイルをオープンしたとしよう．内容は 100，200，345 という文字がスペースを介して並んでいる，全体で 11 文字のファイルである．これを上記の fscanf 関数で読んでいくと，1 回目には i に 100 が入る．ファイルとしての次に読み込む位置は 100 の次のスペース (4 文字目) に移るが，その状態でもう一度 fscanf 関数を実行すると数字の前のスペースは読み飛ばすことになっているので，そのスペースは読み飛ばされて 200 という文字を読み，i に 200 が入る．同様にその次には i に 345 が入り，これ以上読むと関数の戻り値として EOF を返す．上の説明で，ファイル内で数字を隔てているのがスペースであったが，これが改行コードでも構わない．改行コードはここではスペースと同じ意味に扱われる．

$$\boxed{1\ 0\ 0}\ \boxed{2\ 0\ 0}\ \boxed{3\ 4\ 5}$$

■fgets 関数

　ファイルから 1 行読み込むには fgets を使用する．ここで 1 行とは改行コード (\n) が出てくるまでという意味である．読み込んだ 1 行を格納する char 型の配列を cary とし，その大きさを 10 とすると

```
fgets(cary,10,fp);
```

のように使用する．2 番目の引数は最大で読み込む文字数を指定するものであり，この場合には最大でも 9 文字しか読み込まない．読み込む文字が指定した文字配列の大きさより 1 少ない理由は，文字列の最後を示す NULL 文字を格納するためである．なお改行コードもデータとして読み込まれる．ここでも具体的例として以下に示す内容のファイルを上記の fgets 関数で

順次呼んでいくことにしよう.

$$\boxed{a}\boxed{b}\boxed{c}\boxed{d}\boxed{\backslash n}\boxed{u}\boxed{v}\boxed{w}\boxed{\backslash n}\boxed{X}\boxed{Y}$$

まず最初の関数呼び出しで改行コードまでが読み込まれ, cary の内容は以下の図の一番上の状態になる. この図は配列 cary の状態を表しており, ファイルから読み込んだデータである改行コードまでと, 文字列の終わりを示す NULL 文字が入っていて, それ以降の領域は使われていない (? で示す). 次に fgets 関数を呼ぶと cary の内容は下の図の中央になり, もう一度関数を呼ぶと下の状態になる. 最後の呼び出しでは改行コードはなくてファイルの終わりで読み込みが終わっているので, 改行コードは含まれていない. なお fgets 関数はファイルの終わりで NULL を戻り値として返す.

$$\boxed{a}\boxed{b}\boxed{c}\boxed{d}\boxed{\backslash n}\boxed{\backslash 0}\boxed{?}\boxed{?}\boxed{?}\boxed{?}$$
$$\boxed{u}\boxed{v}\boxed{w}\boxed{\backslash n}\boxed{\backslash 0}\boxed{?}\boxed{?}\boxed{?}\boxed{?}\boxed{?}$$
$$\boxed{X}\boxed{Y}\boxed{\backslash 0}\boxed{?}\boxed{?}\boxed{?}\boxed{?}\boxed{?}\boxed{?}\boxed{?}$$

まとめ

- ファイルから 1 文字読み込むには fgetc 関数を用いる. fgetc 関数はファイルの最後で EOF を返す. EOF によるデータの終了チェックを行うときには, fgetc 関数の戻り値は int 型の変数で受ける.
- ファイルに書かれた文字を数値として読み込むときには fscanf 関数を使用する. fscanf 関数は scanf 関数のファイル版で, 変換文字や入力する変数の渡し方 (アンパサンド (&) を付ける) などは scanf 関数と同様である.
- ファイルから 1 行分のデータを読み込むときには fgets 関数を使用する. 引数で与えられた char 型の配列に改行コードまでの読み込み, 文字列の終わりの印として NULL 文字を挿入して関数から戻る.

8.2.3 データの書き込み

本項ではデータの書き込みを行う関数を紹介する. 前項と同様, ファイルポインタ fp には fopen 関数によって有効な値が代入されているものとする.

■fputc 関数

ファイルへの 1 文字の書き込みは fputc を用いる.

```
fputc(c,fp);
```

変数 c に入っている文字を書き込む．この変数は char 型でも int 型でもよい．整数型の定数でも構わない．以下のような 3 つの fputc 関数

```
fputc('a',fp); fputc('b',fp); fputc('c',fp);
```

を順次実行した場合のファイルの内容の変化を示したのが下の図である．関数を実行する前はファイルは一番上の何も入っていない状態であるが，最初の fputc 関数で文字 a が 1 文字入ったファイルになり，次で ab，さらに abc となる．このように文字が 1 文字ずつ順次追加われていく．

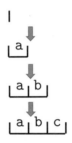

■ fprintf 関数

　次は fprintf 関数である．この関数は printf 関数のファイル版である．printf 関数では文字は画面に出力されたが，fprintf 関数では同じ文字がファイルへ書き出される．書式は

fprintf(ファイルポインタ , 書式 , 式 1 , 式 2 , . . .)

となっていて，第 1 引数としてファイルを指定するファイルポインタが増えたが，それ以降の引数は printf 関数と全く同じである．int 型の変数 i が宣言されているとして

```
fprintf(fp,"%d",i);
```

とすると，i の値を 10 進数の文字としてファイルに書き込む．たとえば

```
fprintf(fp,"value = %d",10);
```

を実行すると，ファイルの中は以下となる．

```
 value = 10
```

■ fputs 関数

　文字列を書き込むときには fputs を使用する．char 型の配列 cary に文字列が入っていると
すると

```
fputs(cary,fp);
```

という文によってその配列がファイルに書き込まれる．この場合文字列の終わりを示す NULL
文字は書き込まれない．下図の上側に示したように cary に hello という文字列が入っていた
場合，これを fputs 関数でファイルに書き込むと，ファイルの内容は下図の下側のようになる．
また配列内のデータとして改行コード (\n) などを含んでいても，それらは普通のデータとして
扱われてファイルに書き込まれる．

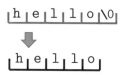

まとめ

- ファイルへの 1 文字のデータの書き込みは fputc 関数を使用する．
- 数値データの値を文字表現でファイルへ書き込むときには fprintf 関数を使用する．こ
  れは printf 関数のファイル版で，引数として与える変換文字などは printf 関数と同じで
  ある．
- 文字列をファイルへ書き込むには fputs 関数を利用する．引数として与えられた文字配列
  の NULL 文字の直前までの内容を書き込む．NULL 文字は書き込まれない．

8.2.4 ファイルコピープログラム

　少しまとまったプログラムとして，ファイルの内容をコピーするプログラムを示してこお
う．またプログラムの引数の扱いについても説明する．
　以下のプログラムは，あるファイルと全く同じ内容の別ファイルを作る．

プログラム 8.2

```
 1:  #include <stdio.h>
 2:  int main(int argc, char *argv[])
 3:  {
 4:    FILE *fp1, *fp2;
 5:    if(argc != 3) {
 6:      printf("usage: %s in_file out_file\n",argv[0]);
 7:      return 1;
 8:    }
 9:    fp1 = fopen(argv[1],"r");
10:    if(fp1 == NULL) {
11:      printf("file \"%s\" not found.\n",argv[1]);
12:      return 1;
13:    }
14:    fp2 = fopen(argv[2],"w");
15:    if(fp2 == NULL) {
16:      printf("file \"%s\" open error.\n",argv[2]);
17:      return 1;
18:    }
19:    for(;;) {
20:      int  c;
21:      c = fgetc(fp1);
22:      if(c == EOF) break;
23:      fputc(c,fp2);
24:    }
25:    fclose(fp1);
26:    fclose(fp2);
27:    return 0;
28:  }
```

　まずプログラムの引数について説明する．一般に，コンパイルした後の実行ファイルは，その
ファイル名をタイプすれば実行できる．その際，プログラム名に空白をはさんで続けてタイ

プした文字は，そのプログラムの引数と呼ばれる．たとえば実行ファイルが prog という名前
とし，

```
$prog abc xyz
```

とタイプして実行した場合，abc が 1 番目の引数，xyz が 2 番目の引数である．関数の引数と同
じように，プログラムの引数もそのプログラムの中から利用できる．引数を利用するためには
これまで void としてきた main 関数の引数を，第 2 行のように

```
int main(int argc, char *argv[])
```

のように変更する．そうすると main 関数の第 1 の引数 argc[8] にプログラム名も含めた引数の
数が入ってくる．上記の例ではプログラム名 prog も 1 と数えて，argc は 3 になる．2 番目の
引数は文字列の配列である．ここで argv についているアスタリスク (*) の意味は第 10 章「ポ
インタ」で説明する．文字列の配列とは，argv のそれぞれの要素が文字列になっているという
ことである．まず最初の要素 argv[0] にはプログラム名 prog の文字列が入っている．そして
argv[1] に第 1 引数である abc，argv[2] に第 2 引数である xyz が入っている．文字列の各文字
はさらに要素番号を指定することで参照できる．たとえば argv[0] ならば argv[0][0] が 'p'，
argv[0][1] が 'r'，argv[0][2] が 'o' という形である．

　プログラム 8.2 では第 5 行で引数の数を調べて，プログラム名を含めた数が 3 でなければ第
6 行で使い方の表示をしている．ここの表示でプログラム名 argv[0] を使用している．また第
9 行では入力ファイル，第 14 行では出力ファイルのオープンをしているが，入力ファイルの名
前として第 1 引数である argv[1]，出力ファイルの名前として第 2 引数である argv[2] を使用
している．

　この他にプログラム 8.2 で説明すべきことは main 関数の戻り値である．エラーがあった場
合の return 文で，戻り値を 0 ではなく 1 としている．一般に main 関数の戻り値は，そのプロ
グラムでエラーが起こったか否かを知らせる目的で使用されることが多く，エラーがなければ
0，あればそれ以外の値を返すことが慣習になっている．

　プログラム 8.2 では第 19 行から始まる for ループでの中で，入力ファイルから読み込んだ文

---

[8]　main 関数の第 1 の引数の名前は必ずしも argc でなくてもよいが，伝統的にこの名前が使用されている．argc
は argument count (引数の数) の略である．第 2 引数も同様で伝統的に argv とする．こちらは argument
vector (引数のベクトル) の略である．

字をそのまま出力ファイルに書き出しているが，文字単位に変更を加えるようなプログラムは
ここに処理を入れることで実現できる．

まとめ

- プログラムの引数を利用するときには，main 関数の引数を「main(int argc, char *argv[])」
  とする．argc に実行ファイルの名前も含めた引数の数が入る．argv に実行ファイルの名
  前と引数の文字列が格納された文字列の配列が入る．
- main 関数の戻り値として，プログラムの正常終了の場合は 0，エラーが生じた場合は 0 以
  外の値を返す慣習になっている．
- ファイルに対して文字単位の処理を加えるプログラムの標準的な例として，プログラム
  8.2 の動作を確認のこと．

8.3　その他の関数

■ fseek 関数

　ファイルを読み書きするときに，そのデータは先頭から終わりに向かって順番に読み書き
される．それ以外の場所に読み書きしたい場合には fseek 関数を用いる．書式は以下の通りで
ある．

```
fseek(ファイルポインタ，オフセット，基準位置)
```

　最初の引数はファイルポインタ，2 番目は位置を知らせる整数，3 番目はどこを位置の基準
とするか，である．たとえば今オープンしているファイルの先頭から 3 文字目を読み込みたい
場合

```
fseek(fp,2,SEEK_SET);
```

とすると，次読み込むデータの位置が最初から 3 文字目になるので，int 型の変数を i として

```
i = fgetc(fp);
```

とすると i に 3 文字目が読み込まれる．オフセットが 2 になっているのは，最初の文字に読み
込み位置を合わせる場合に 0 だからである．2 文字目が 1，3 文字目が 2，のようになる．

　基準位置は特別な文字が用意されていて SEEK_SET か SEEK_CUR か SEEK_END のいずれかである．SEEK_SET はファイルの先頭，SEEK_CUR ならば現在の位置，SEEK_END はファイルの最後を基準とする．したがって SEEK_SET の場合はオフセットは 0 か正の数，SEEK_END なら 0 かマイナスの数を指定することになる．基準位置別に，オフセットの値がファイルの中のどの位置を示すかを説明した図が以下である．一番上の SEEK_SET の場合は先頭から 0，1，2 となっている．SEEK_CUR では，現在の読み書き位置を上に太い矢印で示したが，正のオフセットだとその右側，負だと左側を指定することになる．SEEK_END はファイルの終わりを基準にするが，オフセットに 0 を指定するとファイルの読み書き位置は最後のデータの右側に来る．この状態でたとえば fgetc 関数を用いて文字を読みこもうとすると EOF を返すし，書き込みの関数を呼べば最後のデータの次から文字が書き込まれていく．

SEEK_SET:ファイルの先頭

```
 h | e | l | l | o | 1 | 2 | 3 | x | y | z |
 0   1   2   3   4...
```

SEEK_CUR: 現在の位置

```
 h | e | l | l | o | 1 | 2 | 3 | x | y | z |
 ...-2 -1  0  1  2  3...
```

SEEK_END: ファイルの最後

```
 h | e | l | l | o | 1 | 2 | 3 | x | y | z |
               ...-4 -3 -2 -1  0
```

■ ftell 関数

　ファイルの現在の読み書き位置を知りたい場合がある．それは ftell 関数で可能である．int 型の変数として

```
i = ftell(fp);
```

とすると次データを読み書きする位置は，ファイルの最初から数えて何文字目かを i に返してくれる．この場合も次の読み書きがファイルの先頭，すなわち 1 文字目の場合の戻り値が 0 である．ファイルの大きさが n 文字である場合，次の読み書き位置が最後の文字の右側にある場合に最大値 n を返すことになる．

まとめ

- ファイル内の読み書きの位置を変更するときは fseek 関数を利用する．引数として基準とする位置とそこから移動量を与える．
- ファイル内のデータの現在の読み書き位置を知るには ftell 関数を利用する．この関数

は，現在の読み書き位置をファイル先頭からの文字数で返す．

演習問題

問題 8.1

ファイルから文字を読み込む 3 つの関数，`fgetc`，`fscanf`，`fgets` のそれぞれで，ファイルの終わりを知るにはどのようにすればよいか．

問題 8.2

入力ファイルの中の a から z までの小文字のアルファベットを全て大文字にし，それ以外はそのまま出力ファイルに出力するプログラムを作れ．

問題 8.3

問題 8.2 と同じ動作を 1 つのファイルに対して行うプログラムを作れ．すなわち単一のファイルが入力にも出力にもなる．プログラムでオープンするファイルも 1 つにすること．

問題 8.4

入力ファイルの各行の最初に，数字とコロン (:) から成る行番号を挿入して出力ファイルとするプログラムを作れ．たとえば入力ファイルの内容を以下とすると，

```
Hello!
This is an example.
Line 3
Line 4
What is the line number for this line?
Have a good day.
abc uvw xyz
```

出力ファイルは以下となる．

```
1: Hello!
2: This is an example.
3: Line 3
4: Line 4
5: What is the line number for this line?
```

```
6: Have a good day.
7: abc uvw xyz
```

なお入力ファイルの1行の文字数は99文字以下と仮定してよい.

問題8.5

入力ファイルが以下のように，各行が2つの整数とそれに挟まれた加減乗除の記号から構成されているとする．なお，加減乗除の記号の前後には空白がある.

```
 10 + 250
304 - 136
 15 *  32
 50 /   8
100 /  25
```

この入力ファイルの各行の演算を実行し，以下のように等号とそれに引き続く演算結果を出力ファイルとするプログラムを作成せよ．なお除算で剰余が生じるときには，3つのドットの後に剰余を出力せよ.

```
 10 + 250 =  260
304 - 136 =  168
 15 *  32 =  480
 50 /   8 =    6 ... 2
100 /  25 =    4
```

問題8.6

プログラムへの引数を知るために，main関数の引数を「main(int argc, char *argc[])」で指定すると，argv[0]の文字列として実行ファイルの名前も知ることができる．これを利用してhelloという名前の実行ファイルでプログラムを実行したときにはhello，それ以外の名前で実行したときにはgoodbyeと表示するプログラムを作成せよ.

第9章

データオブジェクトとその変換

C言語におけるデータオブジェクトとは，具体的には変数と定数のことである．第4章で変数や定数には型があることは説明したが，その包括的な説明はしてこなかった．本章ではそれを行うことにする．

データ型とは，メモリの中のある状態をどのような情報を表現していると見なすか，すなわちメモリの状態とその意味の対応付け規則のことである．そこでまずコンピュータでは情報をどのようなものとしてとらえ，どのような原理で情報を表現しているかを考える．そしてそれに基づいてC言語のデータ型はどのように定義されているかを説明する．

C言語に初めから備わっているデータ型は，整数型と浮動小数点型の2つしかない．そして整数型は符号付き整数と符号なし整数に分かれる．本書では浮動小数点型としてfloat型，整数型としてint型とchar型を使用してきた．なおこれら2つの整数型は符号付きである．しかしこれら以外にも型があり，表現できる値の範囲や精度が違っている．このような型の問題を先のデータ表現に関連付けて説明する．

型の間での情報変換についても説明する．浮動小数点型も整数型も数の表現であるので，相互に変換できないと不便である．しかし精度や表現できる値の範囲が異なる型を変換するのであるから，正確に変換できない場合も起こる．これまでに出てきた例としてはint型の変数に3.14を代入するような場合である．本章ではこのような型変換の問題についても説明する．

9.1　コンピュータでの情報表現

コンピュータにおいて情報は全て2進数で表現されているといわれることがあるが，これは正確ではない．正確には，2つの状態を取り得るユニットを使って，2つの可能性がある事項のうち1つを指定することにより情報を表現している．図9.1を見てほしい．この図の上に空

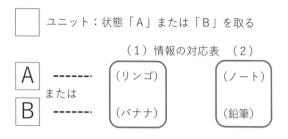

図9.1　コンピュータでの情報表現

白の四角が描かれているが，これがここでのユニットのイメージである．このユニットはAという状態とBという状態の2つの状態になり得る．そして今，区別したい2つの可能性のある事項があったとする．たとえば果物屋さんで，毎日入荷されるのはリンゴかバナナどちらかであったとしよう[1]．このような2つの可能性がある状況で，今日入荷したのはリンゴであったと分かったら，それが情報になる．この情報を先のユニットで表すには，可能性のある事象とユニットの状態との対応を決めればよい．図9.1のように状態Aがリンゴ，状態Bがミカンと対応付ける．これによってユニット1つで本日の入荷の情報を保持できる．

　ここで重要なことは，ユニットの状態とそれが表す事項の対応を変えれば，同じユニットで別の情報を保持できることである．文房具屋さんの場合，入荷する可能性のあるものはノートか鉛筆かもしれない．その場合には図9.1の右側の枠のように，状態Aをノート，状態Bを鉛筆とすればよい．コンピュータが多様な情報を処理できるのは，このようなユニットをもっておけば事項の対応表を変えることで，様々な情報が表現できるからである．これを逆にいえばこの対応表が，コンピュータでの情報表現の本質ともいえる．そしてデータ型とは，この対応表の種類なのである．

　さて，以上ではユニット1つで表現できる情報について考えたが，可能性のある事項が2つだけということは少ない．果物屋さんもリンゴとバナナに加えてナシとスイカも入荷する可能性があるかもしれない．文房具屋さんの場合も消しゴムとボールペンも加わる可能性がある．このような場合には，図9.2に示すように2つユニットを組み合わせればよい．今は区別したい事項の数が4であるのでユニットは2つでよいが，さらに多くなった場合にはより多くのユニットを使う．ユニットを3つ組み合わせれば8，4つ組み合わせれば16，一般にn個のユニットを使えば2^n個の異なる事柄を区別できる．n個のユニットがAかBかの状態を取る，

---

[1] 扱う商品がリンゴとバナナだけという果物屋は現実的でないが，説明の都合上許していただきたい．

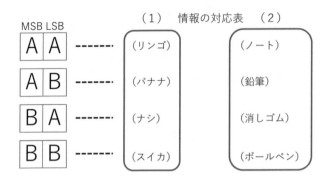

図9.2　2つのユニットで表現できる情報

その場合の数が 2^n になるからである．なおユニットの個数の単位はビット (bit[2]) である．ユニットが2つあれば2ビット，3つあれば3ビットである．このようにユニットを複数並べたとき，一番左側と一番右側のユニットには名前が付いていて，一番左側を**MSB**，一番右側を**LSB**と呼ぶ[3]．これも覚えておいてほしい．またユニットのそれぞれがどちらの状態を取っているか，すなわち状態Aと状態Bの組み合わせをビットパターン (bit pattern) と呼んでいる．またビットはという単位は情報の量を表す場合にも使われていて，n ビットのユニットが保持できる最大の情報の量[4] が n ビットの情報量と定義されている．

　さてここで，上でユニットとして説明した機構は具体的にはどのように実現されているかを説明しよう．図9.3にビットを構成するユニットの実際を示した．CPUなどでは，トランジスターによって構成された回路で，出力端子に電圧があるかないかによって2つの状態を表現している (a)．ユニットとなりうる基本的な回路としてフリップフロップ (flip-flop) と呼ばれる回路がある．メモリでは，電気を蓄える素子であるコンデンサーをユニットとして利用している (b)．電気が溜まっているかいないかで2つの状態を作り出している．CDでは，ピットと呼ばれるレーザー反射面の凸形状 (c)，磁気ディスクでは磁石のNSの方向 (d) で2つの状態が表現されている．またQRコードやバーコードでは，それを構成する1区画がユニットであ

---

[2] bit は binary digit(2進の桁) からの造語である．

[3]　MSB は most significant bit，LSB は least significant bit の略である．2進数において最も値が大きいビット，および最も小さいビット，という意味から来ている．

[4]　ここで最大とあるのは，ユニットが保持する事項の出現確率によって情報量は変わるからである．全ての事項が均等に出現する情報を保持しているとき，情報の量は最大になる．詳細は情報理論を扱う書籍で学習してほしい．

(a) ＣＰＵでは：フリップフロップ

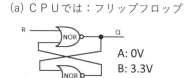

A: 0V
B: 3.3V

(b)メモリでは：コンデンサー

A: 電荷なし
B: 電荷あり

(c) ＣＤでは：ピット

A: ピットあり
B: ピットなし

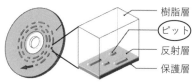

樹脂層
ピット
反射層
保護層

(d) 磁気ディスクでは：磁極の向き

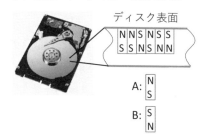

ディスク表面

N	N	S	N	S	S
S	S	N	S	N	N

A: N S
B: S N

(e) ＱＲコードでは：白黒の区画

A: 黒
B: 白

図9.3　ビットを構成するユニットの実際

り，その部分が白か黒かで2つの状態を表現している (e).

　以上のように，区別ができる何らかの2つの状態を実現できる実体ならばビットを構成するユニットとして利用できる．これはコンピュータを初めとしたデジタル機器に大きな有用性をもたらしている．

まとめ

- コンピュータでは，2つの状態を取りうるユニットを多数組み合わせて，多数ある可能性の中から1つを指定することで情報を表現する．ユニットが n 個あれば 2^n 個の可能性が区別できる．
- ユニットの状態と，それが表す情報の対応表を変えることで様々な情報が表現できる．
- ユニットの個数の単位はビットである．これは情報の単位としても使われる．複数のユニットを並べたとき，一番右のユニットには **MSB**，一番左のユニットには **LSB** という名前が付いている．またユニット全体の状態のことをビットパターンという．

9.2 データ型

C言語のデータ型は基本的には2種類の整数型，すなわち (1) 符号付き整数と (2) 符号なし整数，そして (3) 浮動小数点数の3つしかない．データ型のそれ以外の分類は3つの基本となるデータ型内でのバリエーションで，表現できる値の範囲や精度が異なるものである．それぞれの型に属する具体的な型をまとめて示したのが図9.4である．

■ 符号付き整数

まず (1) 符号付き整数である．これは負の数も表せる整数型で，数値の表現方法として2の補数表現を使っている．なお2の補数表現を初めとした数値の表現方法については，後の節でまとめて説明する．符号付き整数には4つの型がある．それらを正式名称で示せば，signed char, signed short int, signed int, signed long int である．しかし図9.4でカッコの中に入っている単語は省略できる．signed char は char, signed short int は int, signed short, あるいは short としてもよい．これまで char および int 型を使ってきたが，これは正式名称の signed char と singed int の省略形を使っていたわけである．それぞれの型の違いはビットの数である．char は8ビット，short は16ビット，int は32ビットなどとなっている．しかしこのビット数は現代のコンピュータが一般的に用いている大きさで，C言語の規則としてそのようになっているわけではない．C言語の規則として決まっていることは，図9.4に示した順番で，右側の型が左側の型よりも小さくないということである．皆さんが使ってるコンピュータでは実際はどうなのかを知る方法は後で述べる．表現できる整数の範囲は，そのビット数を n とすれば，-2^{n-1} から $2^{n-1}-1$ までである．なお図9.4のビット数表記のカッコ中にバイ

(1) 符号付き整数：2の補数表現
(signed char),(signed) short (int),(signed) int,(signed) long (int)
　8bit (1byte)　　　　16bit (2byte)　　　　32bit (4byte)　　　64bit (8byte)

　nビットの表現範囲：$-2^{(n-1)} \sim 2^{(n-1)}-1$
　8ビットなら $-128 \sim 128$

(2) 符号なし整数：2進数表現
unsigned char, unsigned short (int), unsigned int, unsigned long (int)
　8bit (1byte)　　　　16bit (2byte)　　　　32bit (4byte)　　　64bit (8byte)

　nビットの表現範囲：$0 \sim 2^{n}-1$
　8ビットなら $0 \sim 255$

(3) 浮動小数点数：2進の浮動小数点表現
float,　　　　　double,　　　　　long double
32bit (4byte)　　64bit (8byte)　　128bit (16byte)
　最小の絶対値：(float) 1.175494×10^{-38}, (double) $2.225074 \times 10^{-308}$
　最大の絶対値：(float) 3.402823×10^{38}, (double) 1.797693×10^{308}

図9.4 C言語のデータ型

ト (byte)[5] の表記があるが，8 ビットのまとまりを 1 バイトという．この単位もよく使われるので覚えておいてほしい．1 バイトとは 8 ビットのことである．

■符号なし整数

次は (2) 符号なし整数である．この整数型は負の数は表現できない．数値の表現は 2 進数表現を使っている．図 9.4 に示したそれぞれの型の情報については (1) 符号付き整数と同じである．たとえば unsigned short int は unsigned short と省略できる．表現できる値の範囲は，型のビット数を n とすれば 0 から $2^n - 1$ までである．

■浮動小数点数

C 言語の型の最後は (3) 浮動小数点数である．浮動小数点数は小数点以下のある数も表すことができる数で，float, double, long double の 3 つの型がある．それぞれの型のビット数は図 9.4 に示した通りであるが，ビット数の多さが精度，すなわち表せる数値の有効桁数と，範囲の両方に影響する．浮動小数点表現は整数型のような単純な数の表現規則ではないので，ビット数と表現できる値の精度および範囲について，簡単な関係はない．図 9.4 には float 型と double 型について，現在のコンピュータの標準的な値を記しておいた．

■sizeof 演算子

さて，先に各型のビット数は C 言語によって規定されたものではなく，現代のコンピュータで一般的に用いられてる値であると説明した．しかし皆さんが使っているコンピュータで，実際の値を知るには sizeof 演算子を使えばよい．sizeof 演算子の書式は以下である．

```
sizeof(型名)
```

型名には知りたい型の型名を書く．すると sizeof 演算子はその型のビット数をバイト単位で返してくれる．たとえば double 型のビット数を知りたい場合には

```
printf("%ld",sizeof(double));
```

という文を書けば，double 型のバイト数が画面に表示される．ここで注意してほしいのは，

---

[5] 英語の bite が語源で，bite の i を y に変えて作った言葉である．bite の本来の意味は噛むということであるが，1 噛みの情報といった意味を表現しようとしたようである．

sizeof 演算子の書式は関数に似ているが，関数ではなく演算子である．さらにプログラム実行時にバイト数が計算されるのではなくて，コンパイル時にコンパイラが値をプログラムに埋め込む．また printf 関数の変換文字に %ld を指定しているのは，sizeof 演算子が long 型の整数を与えるからである．

　さて，以上でC言語のデータ型についての説明は終えたが，それぞれの型で使っている数値の表現については説明しなかった．これを引き続く節で説明する．順番は前後するが，まず (2) 符号なし整数で使われている2進数について述べ，次に2の補数表現，そして浮動小数点表現について説明する．

まとめ

- C言語の基本的なデータ型は (1) 符号付き整数，(2) 符号なし整数，(3) 浮動小数点数の3つである．これら3つの基本的データ型の中で，表現できる値の範囲や精度のバリエーションがある．
- それぞれのデータ型は何バイトの大きさであるかは sizeof 演算子によって知ることができる．

9.3　2進数による整数表現

　まず整数型の中で最も基本的な型は符号なし整数であり，数の表現には2進数表現が使われている．2進数は0と1を使った数の表現である．これをコンピュータの記録ユニットを使って保持するためには以下のようにする．図9.5に示すようにユニットの状態Aを0，状態Bを1に対応させれば 0/1 のパターンができる．これを2進数と見なすとユニットのビットパターンと整数との対応ができる．これが2進数による整数表現である．図9.5は8ビットの場合で char 型の例である．

　2進数表現から10進数表現に変換するには以下のようにする．2進数の n 桁目は 2^{n-1} を表しているので，各桁の値に 2^{n-1} を掛けて全ての桁を加えればよい．たとえば8ビットの場合，そのビットパターンを $abcdefgh$ とするとその10進表現は以下で計算できる．

$$a \times 2^7 + b \times 2^6 + c \times 2^5 + d \times 2^4 e \times 2^3 + f \times 2^2 + h \times 2^1 + g \times 2^0$$

　逆に10進数表現からその2進数表現を得るには，10進数表現の数を順次2で割っていき，出た余りを右から順に書いていけばそれが同じ値の2進数表現になる．たとえば10の2進数表現を求めてみると，10は2で割ると5余り0，5を2で割ると2余り1，2は1余り0，1は0余り1になるので，それぞれの余りを右から書けば1010となる．これが10の2進数である．

なぜこのような計算でよいかは，次のコラム **9.1** の後半を参照してほしい．

まとめ

- 符号なし整数型では，数値の表現として2進数が使われている．
- 2進数を10進数に変換するには，2進数の n 桁目の数値に 2^{n-1} を乗じて足し合わせる．
- 10進数を2進数に変換するには，10進数を2で割っていき，余りを順次右から並べると2進数になる．

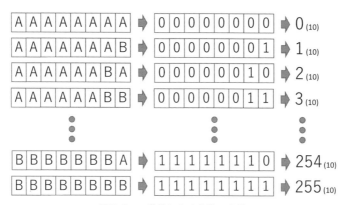

図 9.5　2進数による整数の表現

コラム 9.1　数の表記法と n 進数

　現在数を表すのは簡単で，普通の数字を使って表せばよい．しかしごく当たり前と考えているこの数字というものも，実は人類の長い歴史の中で発明されたものなのである．ここではコンピュータ内での数の表現方法を考察しているが，これはもちろん一般の数の表記方法の成果を利用しているだけである．そこで，このコラムでは人類は数を記録する方法をどのように開発してきたかを少し考えてみたい．

■1対1対応の原理

　まず最初の記録方法は，以下のように数学でいうところの1対1対応の原理を応用したものであったと考えられる．

　人類は昔から牛などの家畜を飼っていたであろう．家畜は昼間は放牧して草を食べさせるが，夜は囲いの中に入れて眠らせる．そして朝，牧草地に放った牛が夕方に全て帰ってきたかを数える必要があったであろう．その場合，たとえば図のように多数の石を用意して，1頭

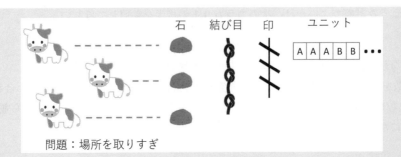

石　結び目　印　ユニット

問題：場所を取りすぎ

　の牛が出るたびに1つの石をかごに入れておく，夕方帰ってきたときには牛が1頭帰るたびにかごから石を取り出していき，最後の牛が帰ってきた時点でちょうど最後の石が取り出されば，全ての牛が帰ってきたことが分かる．もし石が余っていればまだ帰ってきていない牛がいることを意味し，探しに行かなければならないし，石が足りなくなればどこかの牛が迷い込んできてラッキー！となる．英語の計算を表すcalculateの語源はラテン語の小石を意味する言葉からきている．このことから，古代から数の記録や計算に小石が使われていたことが推察される．

　なおここでの石の役割は，ロープの結び目でもよいし，何かに書いたクロスマークのような印でもよい．また上図の一番右に示すようにコンピュータのユニットでもよい．状態Aのユニットの個数で数を表すわけである．ここで話した1対1対応を使う数の記録法は前時代的と思われるかもしれないが，必要に応じて現代のコンピュータでも有用に利用できる．しかしながら，一般的にいえばこの方法は記録しておかなければならない数の大きさと同じユニットが必要で，非効率であることが問題である．そのため数に名前を付けて数字を表すことが考えられた．

■数に名前をつける

　数に名前を付ける方法の例として，漢数字がある．1，2，3という数に対して一，二，三という名前を付ける．このようにすれば表現しようとする数と同じだけのスペースは取らないので効率的である．しかしこの方法の問題は数が多くなるしたがって，常に新たな名前を必要とすることである．その様子を以下に示す．

> 一，二，三，四，…，九，十，…，百,…，千，…，万，…，無量大数
> （無量大数 $= 10^{68}$）
>
> I，II，III，IV，V，VI，…，X，…，C，…，M
> （X $=10$，C $=100$，M $=1000$）
>
> 問題：常に新しい記号（名前）が必要になる

漢数字の例では，まず10を表すために十という名前を必要とする．そして一から九および十

という名前で九十九までは数えられるが100になると新しい名前，百が必要である．このようにして千，万，憶，兆という新しい名前が必要となる．なお漢数字最大の数の名前は無料大数で 10^{68} を意味する．この方法の欠点は，大きな数を表そうとすると数を表す名前は多く必要で，もしそれがなければ新たに名前を作り出さなければならないことである．

　数に名前を付けるという方法はローマ数字でも採用されている．1をI，2をII，3をIIIと表していき，4は5を表すVと1を表すIを使ってIVと表記する．5から1だけ少ないことをIをVの左側に書くことによって表している．6, 7, 8はVの右側にI，II，IIIを書くことによって足すことを表し，VI，VII，VIII，で表す．これ以降の数に対しては10を表すX，100を表すC，1000を表すMを導入して表記していく．ローマ数字は大きな数を表すためにこれ以外の様々な表記ルールがあるが，ある程度以上大きな数は表せないし，多種類の文字と複雑なルールを必要とするのが，数の表記法としては問題である．この欠点を解消した数の表現方法として数の位取り記数法がある．

■ 位取り記数法

　数の位取り記数法は，現代の我々が日常使っている記数法であり，2進数などコンピュータの中での数値表現にも使われている方法である．この方法では数を表すのに限られた数の名前のみでよい．通常の10進数ならば0から9までの10文字が必要とする数の名前である．そしてそれら単独で表現できる数を超えた場合には，桁を増やすことで対処する．すなわち，9の数を表す場合に新たな文字，たとえば漢数字の場合には十であるが，このような名前を新たに導入するのではなく，桁を挙げて10と表記するわけである．この表記法で1は左から数えて2桁目に位置している．これは10のかたまりが1つあるという意味になる．この方法によれば表現すべき数が大きくなっても桁を増やせばよく，新たな名前を考案する必要はない．なお我々が通常使っている0から9までの文字はアラビア数字と呼ばれ，位取り記数法と共に利用が始まった文字である．アラビアという名前が付いているが，起源はインドである．

　位取り記数法の基本的な原理は，表現すべき数をある定まった数でまとめるということである．以下は通常使われる10進の位取り記数法を説明した図である．ここに描いた点の数を表記することを考える．点は25個あるが，なぜこれが25という表記になるのか．10進という意味は10個ずつまとめることを意味する．ここにある点で10個の点のかたまりを作ってみる．するとかたまりが2個できて，余った点が5個である．そこで1の位の値は余りの5になる．次に10のかたまりでさらに10のかたまりを作ること考えるが，2個しかないので，このレベルでの10のかたまりは0個ということになる．ここで余りは2である．したがって10の位は2になる．10のかたまりの，さらに10のかたまりは0個であったので，数の表記に関する作業はこれで終わりで，表記は25ということになる．

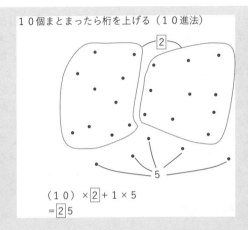

■ *n* 進法

　上記は 10 進法なので，グループにまとめる個数を 10 とした．日常の数の表記法で 10 進数が使われている理由は，ほぼ間違いなく我々の手の指の数が 10 であるからである．なおこのように位取り記数法において，いくつでまとめるかの数を基数 (base または radix) というが，数を表記するという目的からは 10 である必然性はない．以下に基数が 10, 3, 2 である場合の比較図を示す．

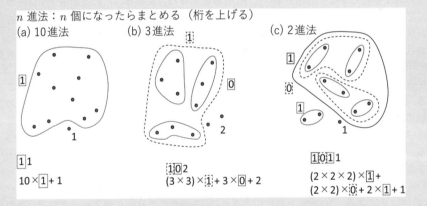

これらの点の個数は 11 であるが，(a) が基数が 10，すなわち 10 進法，(b) が基数が 3 で 3 進法，(c) が基数が 2 である 2 進法の説明図である．10 進法では 10 個でまとめるので，10 個のまとまりが 1 つで余りが 1，すなわち 1 の位は 1 である．次に 10 のかたまりを 1 つと見て 10 のかたまりを作ろうとしても作れない．そして余りが 1 なので 10 の位も 1 となり，表記は 11 である．それでは真ん中の 3 進法．3 個でまとめるとかたまりが 3 個できて余りが 2 であるの

で1の位は2である．次に3個のかたまりをさらに3個でまとめると，まとまりが1個できて余りが0．したがって10の位は0である．3のかたまりの3のかたまりを1と見て3のかたまりを作ろうとするが，もうできずに余りが1になる．したがって100の位は1で，11の3進数表示は102となる．一番右の(c)は2進法である．点を2個ずつまとめればよいので，図を見ながら皆さんに試してみてほしい．2進数での表記は1011になる．

　以上が位取り記数法の原理で，使用する基数の違いを説明した．これまでは全ての桁で同じ基数を使ったが，実は桁によって基数を変えても構わない．このような計数法をわたしたちは日常の中で大変良く使っているというと驚かれるかもしれないが，時間の表記がそうなっている．秒の中では10進法を使っているが，秒を1桁と考えると，分の桁になるときには60進法である．分から時間も60進法で，時間から日は24進法である．さらに日から月になるときは，これは完全ではないがほぼ30進法，月から年は12進法という訳である．なお時間や角度で使われている60を基数とする計数法は古代バビロニアに起源をもっている．このように数の表記には様々な方法がある．コンピュータでの利用に限っても，2進数ばかりが数の表現方法ではない．お金の計算などで10進演算と同じ結果を得ることが好ましい場合に使われる表現法にBCD(binary coded decimal)がある．興味があれば調べてみてほしい．

9.4　2の補数による負数の表現

　符号付き整数は，負の数も表すことができる整数型である．まずどのようにして負の数を表すのが合理的かを考えてみよう．C言語の整数型には4ビットの型はないが，以下では簡単のために4ビットで考察する．図9.6の左側に0/1のビットパターン[6]が書かれている．これに負数を含めた整数を割り当てることを考える．4ビットであるので16種類の整数を表すことができる．正数のみでよい場合は，2進数表現を採用して左から2番目の列のように割り当てた．ここでは負の数も表現できるようにするのが問題であるから，16のうちの半分を負の数に割り当てることにしよう．すぐ考えられるのは1番左側のビット，すなわちMSBを符号ビットとして使い，このビットが0のときは＋，1のときは－を表すことにすることである．そして残りの3ビットは絶対値を表すとする．この方法は**負数の絶対値表現**と呼ばれる方法で，図9.6左のビットパターンが表す値は左から3番目の列になる．この表現方法では+0と−0の2つの0ができてしまうが，絶対値が0のときは符号ビットを無視することにすれば問題はない．この負数の絶対値表現は理解しやすく，実際に使われる場合もあるが，一般的に使われている負数の表現は次に説明する2の補数表現である．

---

[6]　より根源的には状態A/Bのパターンであるが，ここではAを0，Bを1と記したと考えてほしい．

A ⇒0，B ⇒1で表記する

MSB			LSB			
0	0	0	0	0	+0	+0
0	0	0	1	1	+1	+1
0	0	1	0	2	+2	+2
0	0	1	1	3	+3	+3
0	1	0	0	4	+4	+4
0	1	0	1	5	+5	+5
0	1	1	0	6	+6	+6
0	1	1	1	7	+7	+7
1	0	0	0	8	−0	−8
1	0	0	1	9	−1	−7
1	0	1	0	10	−2	−6
1	0	1	1	11	−3	−5
1	1	0	0	12	−4	−4
1	1	0	1	13	−5	−3
1	1	1	0	14	−6	−2
1	1	1	1	15	−7	−1

図9.6　負数の表現方法

　2の補数表現では図9.6のビットパターンに一番右の列の値を割り当てる．0から7までは2進数表現と同じであるが，ビットパターン1000に−8，1001に−7と割り当てていく．この割り当てのルールは次である．まず考えているビット数が4ビットなので，それより一つ桁の多い5桁で先頭だけが1の2進数，すなわち10000 (10進数で16，カッコ内は以下同様) を考える．ある正数nがあったとき，nに足すと結果が10000(16)になる2進数mのビットパターンをもって$-n$を表すのである．たとえば0101(3) と1101(13) は足すと10000(16) となる．したがって1101というビットパターンをもって−3を表すことにするのである．

　一般に，2つの正の整数nとmがあって，両者を足すとある定数cになるとする．このときnとmはcに関して補数の関係にあるという．mはnのcに関する補数であり，nもmのcに関する補数である．上の例ではcが10000(16) であり，nが0001(1) から0111(7) の場合，10000(16) に関する2進数の補数mで絶対値nの負数を表現する．これが2の補数表現による負数の表現である．なおこの説明のように，4ビットの場合，nとmの関係は16の関する補数関係になっているし，8ビットの場合はcが100000000(256) になるので，256に関するの補数関係になるが，2進の補数表現の場合には桁数によらず2の補数表現と呼んでいる．

　何ビットの場合でも，2進表現の数nからその補数mを得る手順は簡単である．まずnの各ビットを反転する．反転とは0ならば1，1ならば0にすることである．そしてできたビットパターンに1を足す．そのようにするとnの補数表現mが得られる．たとえば0011(3) の補数表現を作る場合，この各ビットを反転すると1100，これに1を加えると1101(13) で，これ

$$
\begin{array}{r}
0101 \\
5 + (-3) \qquad +\ 1101 \\
\hline
10010 \Rightarrow 0010 = 2_{(10)}
\end{array}
$$

$$
\begin{array}{r}
1111 \\
(-1) + (-4) \qquad +\ 1100 \\
\hline
11011 \Rightarrow 1011 = -5_{(10)}
\end{array}
$$

$$
\begin{array}{r}
1010 \\
(-6) + 3 \qquad +\ 0011 \\
\hline
1101 \Rightarrow 1011 = -3_{(10)}
\end{array}
$$

図 9.7　2 の補数による減算

が 0011 の補数で，2 の補数表現では -3 を意味する．補数は対称な関係であるので，1101(13) からその補数，すなわち元の 0011(3) を得る場合でも同じ手順でよい．1101 のビットを反転すると 0010，それに 1 を足すと 0011 になって元に戻る．この理由は単純である．4 ビットの場合で説明すると，どのようなビットパターンの数であっても，各ビットを反転した数を作ってその数に足せば全ての桁が 1 の数，すなわち 1111 ができる．したがってビットを反転した数に 1 を足した数を作っておけば，それが元の数を足して 10000 になる数になる．この議論は何ビットの場合でも有効である．

　以上 2 の補数表現を説明したが，この表現を採用する理由は，加算機のみで減算が実現できるからである．たとえば $5-3$ を 2 の補数表現を使って計算してみよう．$5-3$ は $5+(-3)$ であるから，3 の 2 進表現 0011 からその補数表現 1101 を作る．図 9.7 の一番上で示すように，これを 0101(5) に足すと，結果は 10010 であるが 4 ビットの範囲では一番上の 1 が消えてしまい，結果は 0010(2) となって，正しい結果が得られる．図 9.7 では $-1-4$，$-6+3$ の計算も示しておいたので，各自で検証してみてほしい．

　このように加算で減算が実行できるのは，桁数が有限の加算機は加算に対して輪になっており，どこかで数の飛躍が起こるからである．正の数だけ考えた場合，4 ビットの加算機では 1111（普通の 2 進数として 15）に 1 を足すと本来は 10000(16) になるべきところが，5 ビット目がないので 0000(0) に戻ってしまう．このような現象をオーバーフロー (overflow) というが，考え方を変えればオーバーフローさせると加算機が 16 マイナスする減算器として利用できることを意味している．何回オーバーフローさせてもよいので，結果として 16 の倍数の数は全て 0 になってしまう．これをうまく利用して減算を実現しているのが 2 の補数表現なのである．

　2 の補数による負数の表現は減算器を作成しなくても，加算器のみで減算が実行できるのが

利点である．実際に減算を実行する場合，減算数の2の補数を得る必要があるが，これは単純なビット反転と1を加えるという加算器で行える操作で実行できる．減算器が不要になるというこの利点は初期のコンピュータでは大きな利点であった．たとえばコラム2.1で説明したEDSACでは，加算器は多数の真空管を使用し，大きなラックを必要とする回路を組まなければならなかった．さらに減算器を装備するとすれば，同じ程度の回路が必要となるので，2の補数表現の利点は大きい．しかし現在のエレクトロニクス技術では加算器はほんの小さな回路で作成でき，減算器も同様であるので，2の補数表現を採用する利点もあまりなくなってしまった．しかしこれを変更する理由もないので，現在でもこの表現が使われている．

　コンピュータは2進数を使っているので負数の表現も2の補数を用いる．しかし補数による負数の表現は他の基数でも可能である．最後に補数による負数表現の理解を助けるために10進5桁の加算器を考えて，これで補数による減算を行ってみる．例として $125 - 33$ を考えよう．125に33の補数を足せばよいが，今考えているのは10進5桁の計算機なので，これで表現できる最大数99999より1だけ大きい数，100000に関する補数を作る．もちろん補数の定義よりその値は $100000 - 33$ なのであるが，補数を作るのに減算が必要では意味がない．減算が計算できるのなら補数による減算など考える必要はないからである．2の補数を作る場合まず各桁の0と1を反転させた．これは各桁を1の補数に変換していることである．10の補数の場合は各桁を9の補数，すなわち足すと9になる数で置き換えていく．1ならば8，2ならば7，3ならば6に置き換える．5桁の33，すなわち00033の各桁を9の補数に変えると99966となる．この数に1を足した99967が33の補数である．したがってこの数を125に足せばよい．$00125 + 99967$ はいくつか．100092であるが6桁目の1はなくなってしまうので答えは92で $125 - 33$ である．

まとめ

- 符号付き整数型では，負数の表現に2の補数表現を用いている．これはその型がもつビット数の2進数が表すことのできる最大値から1だけ多い数から不足する値で，負数を表現する方法である．
- 符号付き整数型ではMSBが0の数が正の数で，1の数が負の数である．
- 正の数から，絶対値が同じの負数を作成するには各ビットを反転して1を加える．逆に負数から，絶対値が同じ正の数を作成するのも同じ手続きでよい．
- 負数に2の補数表現を用いる利点は，負数を含めた加算が2進数の加算器で実行できるからである．減算を行うときには減数を補数表現に変えて加算を行うことで，減算器を用意する必要がない．

コラム 9.2 パスカルの計算機と補数による減算

　電子式のコンピュータが出現するはるか前から，計算を機械で行おうとする試みは多く行われてきた．かなり早い時期の試みの一つがフランスの哲学者[a] ブレーズ・パスカル (Blaise Pascal) が 1642 年頃に制作した歯車式計算機，パスカリーヌ (Pascaline) である．

図　パスカルの計算機パスカリーヌ (複製)
(https://commons.wikimedia.org/w/index.php?curid=186079 より)

　パスカリーヌは図に示すように 10 進のダイヤルが 6 つ[b] 付けられており，ダイヤルの位置が上の窓に現れる数字で示されるようになっている．計算はこれらのダイヤルを回すことで行われる．たとえば 15 + 28 を計算する場合には，最初は全てのダイヤルを 0 の位置にしておき，まず 15 をセットするため，右から 2 番目の 10 の位のダイヤルを 1，1 番右のダイヤルを 5 だけ右へ回す．すると表示は 15 になる．次に 28 を加えるため 10 の位のダイヤルを 2，1 の位のダイヤルを 8 だけ右へ回す．すると上のダイヤルは 43 になって答えが得られるわけである．もちろん 1 の位のダイヤルが 9 から 0 に回されるときには桁上がり[c] が生じ，10 の位のダイヤルが 1 だけ自動的に回される．この機構は全ての桁についているので，自動的な足し算が可能になる．

　足し算はこれでよいが，引き算の場合はどのようにすればよいであろうか．足し算はダイヤルを右に回すことで行ったので，引き算はダイヤルを左に回せばよいであろう．しかし問題は引き算のときに生じる繰り下がりの問題である．ある桁の引く数が引ける数よりも大きいときには，上の桁から 1 だけ借りてくるという操作，繰り下がりが生じる．これは機械的にはダイヤルを 0 から 9 へ回すときに上の桁のダイヤルが 1 つ減る方向，すなわち左へ自動的に回す機構が必要である．しかしパスカルは桁上がりの機構はどうにか作ることができたが，繰り下がりの機構までは手が回らなかった．それでどうしたか．補数による減算を採用したのである．しかし 9.4 節の最後で説明した 10 の補数ではなく，9 の補数を用いた．これを以

下に説明しよう.

　一般に整数 a の c に対する補数を $\mathrm{cp}(a)$ で表すことにすると, 9.2節で述べたとおり, $\mathrm{cp}(a)$ は次式で定義される.

$$\mathrm{cp}(a) = c - a$$

今 $a - b$ を計算するとして, $a - b$ の c に対する補数を計算してみると

$$\mathrm{cp}(a - b) = c - (a - b) = c - a + b = \mathrm{cp}(a) - b$$

と変形できる. これは a の補数に b を加えれば計算すべき結果 $a - b$ の補数が得られるということを意味している. パスカルの計算機は6桁の計算機なので, c として 999999 を用いる. それでは $125 - 33$ を計算してみよう. まず 125 を 999999 の補数に変換する. これには 000125 の各桁を9の補数に変換すればよく, 結果は 999874 になる. これに 000033 を加えれば 999907, これをまた 999999 の補数に変換すると 000092 となり $125 - 33$ の答え 92 が得られる.

　上記の操作で煩雑なのは, 999999 の補数を作る際に各桁を9の補数に変換する手続きである. パスカリーヌではその変換テーブルを表示窓の数字の部分に装備している. 図で, 上部の表示部に上下にスライドできる目隠しの板のようなものが確認できる. この下の数字が9の補数の関係になっており, これをスライドすることで各桁の変換を人間が考えずに行えるようになっている.

　9.4節で説明した10の補数(2進数の場合は2の補数)に比較して, 減算を行うだけならばパスカリーヌのような9の補数(2進数の場合は1の補数)による減算の方が簡単である. しかし補数を負の数の表現と考えると10の補数に利点がある. 10の補数ならば負の数を含んだ演算も, 単にもとの正の数とみなして加算すれば正しい結果が得られる. 加算器のオーバーフローを適切に利用しているからである. しかし9の補数ではではそうではない. 2の補数の場合も同様で, 1の補数では単純な加算によって減算が実現できない. これがコンピュータが負の数に9.4節の補数表現を採用している理由である.

---

[a] パスカルが哲学者として紹介されるのは, 彼の著作であるパンセという哲学書が有名だからである. 実際には数学者や発明家でもあった.

[b] パスカルはこの計算機をいくつか制作しており, 最初は5桁から始まって最大の桁数は8桁のものまで作られている.

[c] 英語では桁上がりのことを carry(キャリー), 繰り下がりは borrow(ボロー) という.

9.5　浮動小数点数

　これまでは小数点以下の値をもたない整数の表現について考えてきた. しかし世の中には1

以下の値をもつ数が存在する．本節ではこのような数をどのようにして表現するかについて考えよう．

9.5.1　固定小数点表現

単に小数点以下の値をもつ数字を表現するだけならば，整数とほぼ同じ機構で実現できる．ひとまずは原理を考察するために負の数を考えないことにする．下図の左に示すように 10 進数の場合で考えてみると，桁が 1 つ上がると表現する量が 10 倍になっている．小数点以下の位でもこの関係は同じで，1 桁下がることを考えると，それは 1/10 になる．したがって整数の桁のどこかに小数点があることにすれば小数点以下の数が表現可能である．演算に関しても加算と減算は整数の場合と同様でよいし，乗算と除算の場合は，整数と見なして計算した結果に対して桁をずらす作業をすればよい．たとえば下の左図では，左から 4 桁目の左に小数点がある．これを整数と思って，すなわち一番左の桁の右に小数点があると思って 2 つの数を掛けると 8 桁分左にずれた結果が得られてしまう．そこで結果を 8 桁だけ右にずらす操作を加えればよい．なお，今述べた桁をずらす操作のことをシフト (shift) というので覚えてほしい．以上のことは下図右のように，2 進数になっても同様である．10 進と異なるところは，1 桁移動すると表す量が 2 倍，あるいは 1/2 倍になるという部分である．下図右に示す小数点が中央にある 8 ビットの固定小数点表現のビットパターンを $abcdefgh$ とすれば，その表現する値は

$$a \times 2^3 + b \times 2^2 + c \times 2^1 + d \times 2^0 + e \times 2^{-1} + f \times 2^{-2} + g \times 2^{-3} + h \times 2^{-4}$$

である．このような小数値の表し方は固定小数点表現と呼ばれる．

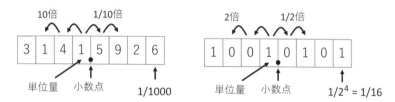

以上負の数を考えなかったが同じ考えを 2 の補数表現などと組み合わせれば，負の数の表現も可能になる．

9.5.2　浮動小数点表現

一方で固定小数点表現の欠点は，絶対値の広い範囲の数が表せないということである．上の 10 進の例では表現できる最大の数が 9999.9999，最小の数は 0000.0001 である．しかしながら科学演算などでは絶対値の大きな数から小さな数まで扱う必要がある．たとえば 3.141×10^9

も扱いたいし 3.141×10^{-7} も扱いたい．これらの数を固定小数点で表現しようとすれば，以下のように多数の桁が必要で，8桁でははみ出してしまう．

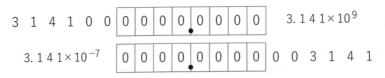

しかしこの例から，記録すべき数字の桁数は4桁で，それ以外は小数点位置を移動させるための0で占められているのが分かる．そこで小数点位置を移動できるようにし，その位置を別の数字で表すようにすれば効率的であると考えられる．これが浮動小数点表現の考え方である．これは正に上で示した指数表現そのものである．3.141×10^9 の例では3.141の部分と 10^9 の部分の9を記録しておくわけである．なおこの数値表現で，前者の部分を**仮数部**，後者を**指数部**と呼ぶ．下図は10進数で仮数部を8桁，指数部を符号情報と1桁とし，先の値を表現した状態を示している．可数部の小数点位置は最も左の桁の右にあるものとした．

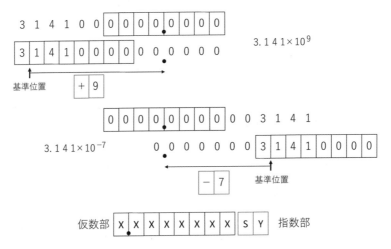

9.5.3　2進の浮動小数点表現

　以上は浮動小数点表現を10進数で説明したが，考え方は2進の浮動小数点表現でも変わらない．数を仮数部と指数部で表現して，それぞれを記録しておく．ここで実際の例として `float` 型として一般に使われている IEEE754[7] のフォーマットを以下に示す．

---

[7]　IEEE は正式名称を Institute of Electrical and Electronics Engineers といい，日本語に訳せば電気電

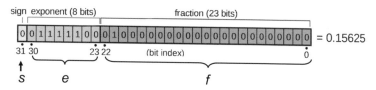

s：サインビット　$1 \Rightarrow -$，$0 \Rightarrow +$
e：指数部　8ビット　バイアス付き2進表現
f：仮数部　23ビット　固定小数点表現　小数点はビット22の左側

一番左のビット 31 がサインビット s で，0 のとき +，1 のとき − の数であることを示す．次の 8 ビット，すなわちビット 23～30 が指数部 e である．バイアス付き 2 進表現とは，ここの 2 進数の値から 127 を引いた値ということである．8 ビットの 2 進数は 0 から 255 まで表されるので，指数部の値はこれから 127 を引いた −127 から 128 の値を取り得る．その右側，ビット 0 ～22 の 23 ビットが可数部 f である．小数点位置はビット 22 の左側にあり，その左の桁は省略されているが常に 1 であると解釈する．この理由は，0 以外の数値の可数部は必ず 1 で始まるので，その 1 の右側に小数点が来るように指数部を合わせ，かつその 1 を省略してしまうのである．このようにすると 1 ビットの節約になる．ただし表す数値が 0 のときは全てのビットが 0 になってしまうので，別の規則を定めている．

　上記のことを式としてまとめたのが次式である．

$$\text{値} = (-1)^s \times (1.f) \times 2^{(e-127)}$$

上のビットパターンはどのような数を表しているか考えてみよう．まずサインビット s は 0 であるので，プラスの数である．指数部 e の 01111100 は 2 進の数としては 124 であるから，これから 127 を引くと −3 になる．一方仮数部 f は $1.f = 1.01$ すなわち 10 進数では $1 + 1/2^2 = 1.25$ になるので，全体では $1.25 \times 2^{-3} = 0.15625$ という値を表していることになる．なお数値 0 は指数部 e および仮数部 f が全て 0 のときと定めている．また数ではないが，10 進整数表記で e が 255，f が 0 のとき無限大，e が 255，f が 0 以外のとき NaN(Not a Number) を表すことになっている．これは数としては意味をなさない結果を表しており，たとえば 0 で割るなどの演算をした場合にこのビットパターンがセットされる．

　以上説明したように，浮動小数点表現は整数の表現などに比べて大変複雑である．したがっ

　子技術者協会である．アメリカに本部を置く電子・情報分野の学会で，様々な規格の策定も行っている．IEEE754 はこの団体が定めた 32 ビットの浮動小数点表現の規格である．なお IEEE はアイトリプルイーと読む．

て初期のコンピュータのCPUには浮動小数点の演算器は入っていなかった．それを行うプログラムを書いて行っていたので，浮動小数点数の演算に時間がかかった．また初期のパソコンでは，CPUに浮動小数点演算を行う回路を組み入れることができず，そのICが別売だった時期もある．このように整数演算に比べれば浮動小数点演算は手間がかかる処理なのである．ただ現在のコンピュータでは一般には問題となるほどの処理ではなくなっている．

9.5.4 int型とfloat型の精度

ところで，これまで整数型のint型と浮動小数点型のfloat型はよく使ってきが，その2つの型ではどちらが精度がよい印象をもっているであろうか．おそらく小数点以下の数も表現できるfloat型だと感じている人が多いだろう．しかしそれらの型のビット数を考えてみると，どちらも32ビットであり，表せる数の総数は2^{32}個で変わらない．float型がint型より精度がよいという印象は，float型は0付近により多くの数を割り当てており，通常使う0付近の範囲においては確かに精度がよいところから来ている．しかし下の数直線で示すように，絶対値が大きい範囲では数の割り当てがint型より荒くなる．一方int型ではそれが表すことのできる範囲内($-2147483648 \sim 2147483647$)では，全て同じ1の間隔で数が割り当てられている．このことから，たとえばループの回数を数えるような変数，このような変数のことをループカウンタと呼ぶが，これにfloat型を使用することは不適当であることが分かる．

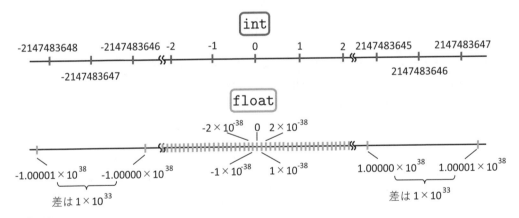

まとめ

- 小数点以下の数を表す手法の1つに**固定小数点表現**がある．これは複数桁のどこか固定した場所に小数点を置く方法で，整数とほぼ同じに演算が実行できるが，表せる絶対値の範囲が狭いという問題がある．

- 浮動小数点表現は小数点位置がどこにあるかを別に指定できるようにした表現方法で，C言語の浮動小数点数はこれを用いている．固定小数点表現に比べて表せる数の絶対値の範囲が広い．
- 浮動小数点表現において，数値情報を保持している部分を**仮数部**，小数点の位置を示している部分を**指数部**と呼ぶ．
- 同じ 32 ビットの int 型と float 型の数値表現を比べた場合，int 型は値が表現できる範囲で 1 刻みで値があるのに対し，float 型は 0 の付近では細かいが，絶対値の大きな値の領域では粗い値の割り当てになる．

9.6　代入と型変換

　ある型の値を，それと異なる型の変数に代入するときは，代入される変数の型に合うように変換が起こる．ここではこの場合にどのような変換が起こるかを考えてみる．

　まず整数間の変換を最初に説明する．以下に示すように，型としては異なってもビット数は同じ場合には，代入する値のビットパターンがそのまま代入される．しかしそのビットパターンが何を意味するかは代入された変数の型による．以下のように int 型のデータから unsigned int 型の変数に代入する場合，MSB が 0 の場合，すなわち int 型の値が 0 か正の場合には unsigned int でも同じ値であるが，int 型の MSB が 1 の場合，すなわち値が負の場合には unsigned int 型では大きな正の値になる．コピーされたビットパターンがコピーされた方の型で解釈されるというルールは，符号付き整数と符号なし整数が逆でも，またバイト数が 4 バイト以外の整数でも同じである．

同サイズの整数：同じビットパターンが代入される

（例）

　代入される型のビット数が代入する側の変数より少ない場合，下図のように右側から必要なビット数だけ代入され，余った上位のビットデータは捨てられる．下の例では 4 バイトの int 型データを 2 バイトの short 型に代入している．int 型の値が short 型で表される値の場合は同じ値が代入されるが，それ以外の場合はこのルールでコピーされたビットパターンが short 型として表す値になる．

大から小の整数：同じビットパターンが代入される

```
      C   D                 A   B   C   D
  |___|___|       =     |___|___|___|___|
  (例)   short              int
```

　代入される型のビット数が代入する型より多い場合，代入する型 (下図の例で (unsigned) short とある方) 符号なしならば上位ビットには0が詰められる．しかし代入する型が符号付きならば**符号拡張**が起こる．

小から大の整数：下位ビットに代入

```
  0/1  0/1   A   B              A   B
  |___|___|___|___|     =     |___|___|
  (例)     int              (unsigned) short
```

符号拡張とは，以下のように変換元のMSBを変換先の上位の全てのビットにコピーする処理である．

符号拡張

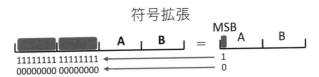

```
11111111 11111111  ←────────  1
00000000 00000000  ←────────  0
```

これは少ないビット数で2の補数表現された負数を，多いビット数の2の補数表現で同じ値を表すようにするためである．変換する側のMSBが1であるとは負の数であることを示しているが，その場合に変換される側の上位ビットを全て1にしておけば，同じ数になる．一方MSBが0ならば正の数であるので，上位ビットには0を詰めておけば同じ値になる．注意すべきは変換される側の型が符号なしの場合である．変換する側の値が負でMSBが1で符号拡張が起こった場合，変換後には大きな正の値として解釈される．

　次にfloat型やdouble型のような浮動小数点変数から整数への変換は，値が正のときには小数点以下の部分は切り捨てであることを覚えておけば差し当たりことは足りる．負の数に対しても小数点以下が切り捨てになる場合が多いが，切り上げになる可能性もある．これは仕様としては決まっていないので，これが問題になるプログラムは記述しない．

　以上とは逆に整数型から浮動小数点型への変換は，整数型で表現された値が浮動小数点型で表現できる場合はその値になる．表現できない場合どのように変換されるかは使用しているコンピュータによるので，これもそれが問題なるようなプログラムは記述しない．といっても，これが問題になるような状況はほとんどないであろう．

▌まとめ

- 大きなビット数の整数から小さなビット数の整数への変換は，上位のビットの切り捨てにより行われる．
- 小さなビット数の整数から大きなビット数の整数への変換は，変換される整数が符号なしならば上位ビットに0が詰められる．符号付きならば，符号拡張が起こる．
- 変換後の値は，変換された整数の型に従って解釈される．
- 浮動小数点数から整数への変換では，正の値の場合小数点以下の部分が切り捨てられる．

9.7　定数の型

　プログラム中で表記する定数には整数型と浮動小数点型があることはすでに説明したが，具体的にC言語の中のどの型に当たるかは説明してこなかった．実は小数点を含まない整数表記の定数はint型であり，小数点を含む浮動小数点型はdouble型になる．型を説明した第4章ではdouble型について説明していなかったので，浮動小数点型と説明した．ここではこれら定数に関して少々補足する．なお定数のことをリテラル (literal) と呼ぶこともあるので，覚えておいてほしい．

　整数定数として0で始まらない数字を書けば，これは10進表記の数であると解釈されるが，0で始めるとこれは8進数と解釈されるので注意してほしい．定数として10と書いても010と書いても同じであろうと思ってはいけない．010と書くと10進数での8になる．また0xまたは0Xで始めると16進数として解釈される．16進数の場合，1桁の値が10以上となり得るので，それを表す記号が必要であるが，そのためにaからfまでのアルファベットを使っている．aが10, bが11, というやり方でfが15である．このアルファベットは大文字でも構わない．たとえば0xabは10進数では$10 \times 16 + 11$，すなわち171である．なお8進および16進表記が時々使われるのは，数値を表すビットを3ビットをまとめて1桁と考えると8進数になり，4ビットを1桁と考えると16進数になるからである．

　小数点を含めた数字を書くとdouble型の定数になる．指数表現も可能で，仮数を表す小数点数に続けてeを書き，次に指数の値を整数で書く．たとえば1.25e14などであり，これは1.25×10^{14}を意味する．指数を意味するeは大文字でも構わない．

　上記以外の定数として，文字定数に関しては6.2節「文字と文字列」ですでに説明した．その他float型やlong型の定数の表記方法もあるが，これらについてはK&Rの2.3節 (45ページ) を参照してほしい．

まとめ

- 小数点を含まない形で記述された定数の型は int 型である．0で始まる定数は8進数として解釈され，0x で始まる定数は16進数と解釈される．

- 小数点を含む形で記述された定数の型は double 型である．この型の定数は指数表記も可能である．

演習問題

問題9.1

9.3節で説明した方法を参考に，2進数を10進数に変換するプログラムを作れ．このプログラムはキーボードから2進数を入力すると10進数を画面に出力する．

なおキーボードから1文字入力する必要があれば，それには getchar 関数が使える．int 型の変数を c として

```
c = getchar();
```

とすると，キーボードで押されたキーの ASCII コードが，c に代入される．

問題9.2

9.3節で説明した方法を参考に，上記とは逆に10進数を2進数に変換するプログラムを作れ．このプログラムはキーボードから10進数を入力すると2進数を画面に出力する．

問題9.3

9.4節の最後で説明した10の補数を用いる方法で減算を実行するプログラムを作れ．キーボードから最初に引かれる数，次に引く数を入力すると結果を画面に出力する．ただし結果が負になる場合は考えなくてよい．

問題9.4

変数 i, sc, uc, x がそれぞれ次のように定義されているとする．

```
int i; signed char sc; unsigned char uc; float x;
```

また int 型は4バイト，char 型は1バイトの大きさをもっているものとして，以下の問題に答えよ．

(a)

sc = -6; を実行したときの sc のビットパターンを示せ．

(b)

`i = -3; sc = i;` を実行したときの sc のビットパターンを示せ．

(c)

`i = -3; uc = i;` を実行したときの uc のビットパターンを示せ．

(d)

`i = -3; sc = i; i = sc;` を実行を実行したときの i の値を答えよ．

(e)

`i = -3; uc = i; i = uc;` を実行したときの i の値を答えよ．

(f)

`x = 32.6; i = x;` を実行したときの i の値を答えよ．

(g)

`x = 11/2;` を実行したときの x の値を答えよ．

(h)

`x = 11/(int)2;` を実行したときの x の値を答えよ．

(i)

`x = 11/2.0;` を実行したときの x の値を答えよ．

第10章
ポインタ

　C言語にはポインタという概念があり，比較的理解しにくい概念とされている．しかし第2章で説明したコンピュータの構造，特にメモリの構造を理解していれば簡単で，ポインタとはメモリのアドレスのことである．C言語の変数はメモリ上に作られることはすでに述べたが，メモリの上にはその場所を特定するためのアドレスが必ず振られている．ある特定の変数を作った場所にも必ずアドレスがあるので，そのアドレスを指定してそこの内容を変更しても，変数の内容が変更できる．このアドレスを使ったアクセスがポインタを利用したアクセスというわけである．ポインタを使って変数を扱うためには，目的の変数が格納されているメモリのアドレスを取り出し，その値を保存し，そのアドレスの内容を読み書きする方法を知らなければならない．まずはこれらを説明することから始めよう．

10.1　ポインタの正体と利用

　プログラムの中で，たとえば

```
int i;
```

のように変数 i を宣言すると，図10.1のようにメモリ上に変数 i 用の領域が取られ，これが i という名前で利用できるようになる．そして

```
i = 100;
```

として i に 100 を代入すると，メモリのこの領域に 100 が書き込まれる．
　一方メモリには，その場所を示すアドレスが付いている．変数 i 用の領域がメモリ上のどこ

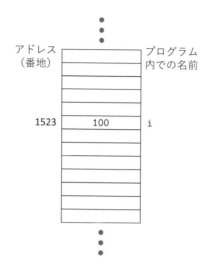

図 10.1 メモリ上の変数とアドレス

に取られるかはあらかじめ決まっていないが，領域が取られればに必ずその位置を示すアドレスがある．あくまでも例であるが，図 10.1 では 1523 番地である．したがってこのアドレスを用いても変数 i の位置を指定することができる．ポインタとはこのように変数を指定するためのアドレスのことであり，ポインタによるアクセスとはアドレスを指定して変数を操作することをである．

　ポインタによるアクセスをするためには，操作しようとする変数のアドレスを知る必要がある．これには & 演算子を使う．たとえば上記の変数 i のアドレスを知りたければ，この演算子を変数名の前に付け &i とすれば変数 i が格納されている場所のアドレス，この例では 1523 が得られる．

　このようにして得たアドレスは後での使用のために何らかの変数に入れておく必要があるが，そのための変数としてポインタ専用の変数を宣言する必要がある．このような変数をポインタ変数と呼ぶ．上記の変数 i のように int 型の変数のアドレスを保持するポインタ変数 ip を宣言するには

```
int *ip;
```

とする．変数名 ip の前にアスタリスク (*) を付けて変数を宣言すると，この変数がポインタ変数であることを指定したことになる．このように宣言した変数 ip には int 型の変数のアドレ

スを代入することができる.

```
ip = &i;
```

これで変数ipにiのアドレスが保持されている.

変数ipのアドレスを用いて変数iの内容を読み書きするにはipの前にアスタリスクを付けて*ipとする. たとえば

```
*ip = 200;
```

とすると変数iの内容は200に変更される. この文の意味を解説すれば,変数ipが保持しているアドレスの領域,すなわち変数iの内容に200を代入せよ,ということになる.

まとめ

- ポインタとは,変数が格納されたメモリのアドレスのことである.
- ある変数のアドレスを取り出すにはアンパサンド (&) 演算子を用いる.
- アドレスを格納するための変数が**ポインタ変数**である. ポインタ変数を宣言するには,変数名の前にアスタリスク (*) を置いて宣言する.
- ポインタ変数が保持するアドレスの内容を参照するには,ポインタ変数の前にアスタリスク (*) を付ける.

10.2 ポインタ変数の型

アドレスはメモリの位置を示す番号であり,整数値である. しかしアドレスをC言語のポインタとして扱う場合には,単なる整数値という扱いではなく,そのアドレスにどのようなデータが入っているかも意識して扱う. 上記の変数ipはint型のデータ用のポインタ変数である. したがってint型の変数iのアドレスは代入できたが,たとえば

```
float x;
```

として宣言した変数xのアドレスを保持することはできない. float型の変数用のポインタ変数xpは

```
float *xp;
```

のように宣言する．このようにすれば

```
xp = &x;
```

のように float 型のアドレスが代入でき，たとえば

```
*xp = 3.14;
```

のように利用できる．以上 int 型と float 型についてのみ説明したが，これは他のデータ型でも同様である．このように，ポインタ変数にはどのようなデータ型の変数のアドレスを保持できるかの区別がある．これをポインタ変数の型という．

　ここでポインタ変数に型がある理由を説明しよう．次の文を考えてみてほしい．

```
*ip = 3.0;
```

変数 ip が示すアドレスには int 型の変数があるが，代入しようとする値は浮動小数点型である．したがって 2 の補数表現に変換して代入しなければならない．コンパイラが自動的にこれを行うプログラムを生成するが，それが可能なのは ip が int のポインタ型であり，そのアドレスの領域は int 型の変数であることが分かるからである．たとえば

```
*xp = 3;
```

でも同じことで，3 という整数型の値を浮動小数点型に変換して xp の保持するアドレスの領域に格納する．この変換が行われるのも xp が float 型のポインタ変数であるからである．もしポインタ変数に型がなければこの変換を自動的に行うことができないのである．

まとめ

- ポインタ変数には，保持するアドレスのメモリがどのような型の変数であるかによって型がある．ポインタ変数の型と異なる型の変数のアドレスは代入できない．

10.3　配列とポインタの加減算

　ポインタと配列とは密接な関係がある．ここでこれを説明する．たとえば

```
int ary[10];
```

のようにすると int 型のデータが 10 個入る配列 ary ができるが，この配列のメモリ上での配置を見ると，図 10.2 に示すように int 型を保持する領域が連続して 10 個確保されている．そしてそれらのアドレスを考えてみると，最初の要素 ary[0] のアドレスの次に 2 番目の要素 ary[1]，さらに次のアドレスに 3 番目の要素 ary[2]，という具合に割り当てられている．この配置を利用すれば，ポインタの演算によっても配列の各要素にアクセスすることができる．これを可能にするため，C 言語ではポインタに整数を加えたり減じたりすることが可能になっている．

　それでは配列 ary をポインタの演算によってアクセスしてみよう．まず配列のいずれかの要素のアドレスを得なければならない．ここでは配列の最初の要素 ary[0] のアドレス，図 10.2 では 1245 であるが，を取り出そう．int 型のポインタ変数 ip が宣言されているとして，これに代入するには

```
ip = &ary[0];
```

とする．図 10.2 の状況を仮定すれば，これで ip には 1245 が入ったことになる．変数 ip を

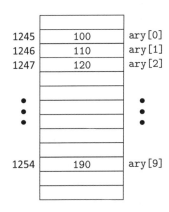

図 10.2　配列のメモリ上での配置

使って ary[0] に 100 を代入するには

```
*ip = 100;
```

とすればよい．それでは ary[1] に関してはどうであろうか．アドレスが ary[0] より 1 だけ多いので，たとえばこれに 110 を入れるには

```
*(ip + 1) = 110;
```

とすればよいことになる．この場合 ip+1 を囲むカッコは必須である．演算子の優先順位[1] より，*ip+1 とすると (*ip)+1 の意味に解釈されてしまう．同様にして ary[2] は*(ip+2)，ary[3] は*(ip+3) という書式によってアクセスできる．

　ここで C 言語での決まりであるが，式の中で配列名のみを使用した場合，それはその配列のために確保されたメモリ領域の先頭のアドレスを意味することになっている．すなわち上の例では，式の中で ary という配列名のみを使うと&ary[0]，図 10.2 の状態では 1245 という定数を表すことになっている．これを使うと，上の例では変数 ip を使わずとも配列にアクセスできる．すなわち ary[0] は*ary，ary[1] は*(ary+1) という形でアクセスすればよい．

　実は C 言語において，配列で使われている A[B] という表記は*(A+B) という表記の別記法なのである．たとえば ary[0] は A の部分が ary で B の部分が 0 であり，*(ary+0) と同じになる．同様にして ary[1] は*(ary+1) と同じである．すなわち配列の使用は暗黙のうちにポインタ演算を行っていたのである．なお足し算の性質から考えて*(ary+1) は*(1+ary) でも同じである．これが配列の表記に直せば ary[1] の代わりに 1[ary] と書いてもよいことになる．実際に 1[ary] と書いても動作する．しかし配列表記を用いる意義からはこのような表記はすべきではない．

　さて図 10.2 を用いた上の説明で，配列の各要素は隣のアドレスに入っており，隣の要素に移動するためにはアドレスに 1 を加えたり減じたりすればよいとして説明した．しかし int 型は 4 バイトである．そしてアドレスは 1 バイトごとに振られている．実際のメモリの状態は図 10.3 になってるはずである．実は ip+1 と書いても実際には int 型のバイト数である 4 を乗じた値である 4 が足される．もちろん 1 以外を加減算する場合も同様である．コンパイラが自動的にこのような演算に変換してくれるが，これはポインタ変数に型があるからである．変数

---

[1] 演算子の優先順位については K&R の 2.12 節 (65 ページ) に説明がある．

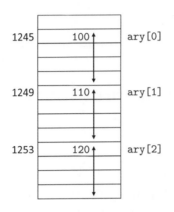

図10.3　int 型配列の実際の配置

ip の場合には int 型のポインタ変数であるから，int 型のバイト数を乗じるプログラムを生成するのである．

> **まとめ**
>
> - ポインタに対して整数の加減算を行うことによって，アドレスの演算が行える．その際ポインタの型に応じたバイト数が乗じられる．
> - 配列のための領域はメモリ上で連続して取られるので，ポインタに整数を加減算することで，配列の各要素が参照できる．
> - 配列名は，その配列が格納された先頭のアドレスを表す．
> - 角カッコ([])を用いた配列要素の参照は，ポインタ演算の別記法である．

10.4　void 型のポインタ変数

　ポインタ変数にはどのような型のデータが格納されているアドレスを保持できるかという制限，すなわちポインタ変数の型があることは説明した．しかしどのようなデータのアドレスでも保持できるポインタ変数も，次のようにして宣言することができる．

```
void *vp;
```

なお，ここで使われている単語 void は関数の定義でも使われていたが，そこでの意味と上記の宣言の意味とは無関係である．また上の変数宣言からは void 型のポインタ変数の宣言のよ

うに見えるが，void 型というデータ型があるわけでもない．ここでの void[2] という単語は上記の書式でどのようなアドレスでも入れられるポインタ型を宣言する目的だけで使われる．

　ここで宣言されたポインタ変数 vp には，アドレスならばどのような型のアドレスでも代入できる．たとえば，int 型の変数 i と float 型の変数 x が宣言されているとして

```
vp = &i;
```

ともできるし，

```
vp = &x;
```

ともできる．しかしこのポインタ変数を用いて，それが示す先のデータを操作するときには，そのデータがどのような型のデータであるかをプログラマーが指定する必要がある．その理由は void 型のポインタ変数はどのようなアドレスでも入れられる変数であるので，その保持しているアドレスのメモリ領域が保持しているデータ型の型がコンパイラには分からないからである．したがって，たとえば

```
*vp = 10;
```

のような文はエラーになってコンパイルできない．

　void 型のポインタ変数を正しく使用するためには，キャスト (cast) と呼ばれる記法を用いて vp が保持しているデータ型をプログラマーがコンパイラに教える必要がある．キャストは

> (型名) 変数名

のようにカッコの中に型名を書いて変数の前に置く記法で，このようにするとこの記述全体として，変数名で指定した変数の値をカッコで指定した型に変換したデータになる．なおキャストの詳細は K&R の 56 ページを参照してほしい．いま vp に int 型変数のアドレスが入っているとすると，int のポインタ型を表す int *を型名として使用し，(int *)vp とすると int のポ

---

[2] void の本来の英単語としての意味は，「何もない」とか「空虚な」という意味であるが，ここでの用法はこの本来の意味とも関係がない．それにもかかわらずここで void という単語を使っているのは，C 言語で使われる特別の意味をもつ単語 (これを予約語という) を少なくするための処置だと推測される．

インタ型になる．したがってこの場合，そのアドレスの内容を 20 にする場合には

```
*(int *)vp = 20;
```

とすればよい．同様に，もし vp に float 型変数のアドレスが入っている場合に，そこに 3.14 を代入するには

```
*(float *)vp = 3.14;
```

とする．

　ここで，正しいキャストを行う責任はプログラマーにある．たとえば vp に int 型のアドレスが格納されているのに，それを float 型のアドレスとして処理することは可能であるが，結果は意味のないものになってしまう．void *型の変数に関するもう 1 つの注意点は，どのようなポインタでも代入できる変数であると同時に，どのようなポインタ型の変数にもその値を代入できることである．たとえば

```
int   *ip;
float *xp;
void  *vp;
```

と宣言されていたとき

```
vp = ip;
xp = vp;
```

というコードはコンパイルエラーは起きないが，間接的に異なったポインタ型の代入になっている．注意してほしい．

まとめ

- どのような型のポインタでも格納できるポインタ変数として void 型のポインタがある．
- void 型のポインタはキャストして使用する．
- void 型のポインタ変数には，どのような型のポインタでも代入できる．逆に void 型のポインタは，どのような型のポインタ変数にも代入できる．したがって void 型のポインタ変数を介すると，全ての型のポインタが相互に代入可能になってしまうので，注意を要する．

10.5　引数の受け渡しとポインタ

まず，以下のプログラムを見てほしい．

プログラム 10.1

```
1:   #include <stdio.h>
2:   void func(int j)
3:   {
4:     j = 20;
5:   }
6:   int main(void)
7:   {
8:     int i;
9:     i = 10;
10:    func(i);
11:    printf("%d\n",i);
12:    return 0;
13:  }
```

　main 関数の中で変数 i を作って 10 を代入し，それを関数 func の引数として渡している．一方関数 func のでは引数を変数 j で受けて 20 を代入している．関数 func の実行が終わると main 関数では関数 func に引数として渡した変数 i の値を表示している．このプログラムで表示される値はいくつであろうか．可能性があるのは main 関数の第 9 行で設定した 10 か，関数 func の中で設定した 20 である．どちらが正解か，考えてみてほしい．

　正解は 10 である．これは C 言語の関数が採用している引数の渡し方が値による呼び出し (call by value) という方式だからである．これをメモリの状態で説明したのが図 10.4 の左図である．main 関数から関数 func を呼び出すときに，関数 func の引数を受ける変数 j は新たにメモリ上に作られる．そして main 関数の変数 i に入っている値 10 はそこにコピーされる．プログラム 10.1 の第 4 行で j に 20 を入れているが，main 関数の変数 i は影響を受けないので，表示される値は元々の i の値である 10 なのである．

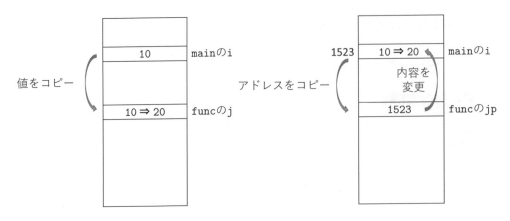

図 10.4　関数への引数の渡し方

　C言語では，このような値による呼び出しを採用しているが，これに対して関数に引数の変数そのものを渡してしまう方法もあって，これは参照による呼び出し (call by reference) と呼ばれている．古いプログラミング言語のFORTRANではこちらが採用されていて，関数の中で引数の変数を変更すると，呼び出し側の変数も変更されてしまう．このようなことが起こらない方がプログラムを作る上では安全であるという考えから，C言語では値による呼び出しを採用しているが，積極的に関数の中で引数として与えた変数の値を変えたい場合，この機構では不可能である．

　上記の場合には内容を変更してほしい変数のアドレスを関数に渡すことで解決できる．以下のプログラムを見てほしい．

プログラム 10.2

```
1:  #include <stdio.h>
2:  void func(int *j)
3:  {
4:    *j = 20;
5:  }
6:  int main(void)
7:  {
8:    int i;
9:    i = 10;
```

```
10:    func(&i);
11:    printf("%d\n",i);
12:    return 0;
13: }
```

プログラム 10.1 からの変更点は第 2 行，第 4 行，第 10 行の 3 点である．関数 func として int のポインタ型を取るようにし，関数を呼ぶ場合も変数 i のアドレスを渡している．関数 func の中では受け取ったアドレスの内容を変更することで，元の変数である i の内容を変更している．この様子を示したのが図 10.4 の右図である．このプログラムの出力は 20 になる．

　戻り値以外で関数から値を返す場合，上の説明のように引数をポインタ変数として，値を変更してほしい変数のアドレスを渡すことでそれが実現できる．これまでキーボードから値を入力する scanf 関数を使ってきたが，引数の変数の前にアンパサンド (&) を付けた．これは変数のアドレスを渡していたのである．

まとめ

- C 言語の関数への引数の渡し方は値による呼び出しである．したがって関数側からそれを呼び出したプログラムの引数を変更できない．
- 関数を呼び出す側の変数を関数の中で変更してほしいときは，引数としてそのポインタを渡す．

10.6　ポインタ変数へのポインタ

　ポインタ変数もメモリ上に作られる．したがってポインタ変数自体の領域にもアドレスがある．そのアドレス，すなわちポインタ変数のアドレスを扱ったプログラムを書くことができ，そのアドレスを格納するポインタ変数，すなわち「ポインタ変数のポインタ変数を宣言」することもできる．簡単な例を示そう．

プログラム 10.3

```
1: #include <stdio.h>
2: int main(void)
3: {
4:   int i;
```

```
 5:     int *ip;
 6:     int **ipp;
 7:     ip  = &i;
 8:     ipp = &ip;
 9:     *(*ipp) = 10;
10:     printf("%d\n",i);
11:     return 0;
12:   }
```

このプログラム 10.3 の第 6 行で

```
int **ipp;
```

という文がある．これが int のポインタ型のポインタ型変数の宣言である．int のポインタ型
は C 言語の表現では int * であり，さらにそれを指すポインタ型なのでアスタリスクがもう 1
つ増えて int **が型の表現になる．したがって上の変数宣言になる．

　このプログラム変数 i に 10 を入れるものであるが，それをポインタ変数のポインタ変数であ
る ipp を用いて行っている．各変数のメモリ上の配置が図 10.5 のようになっていたとしよう．
この場合，プログラムの第 7 行で変数 ip 変数 i のアドレス 1523，第 8 行で ipp に ip アドレス
2362 が代入される．第 9 行の左辺の記述を解析してみると，まず ipp の値は 2362 であるから，
カッコの中の*ipp は 2362 番地の内容を意味し，変数 ip を指定したのと同等である．したがっ
て*(*ipp) は*(ip) と同等で，ip の値である 1523 番地の内容という意味になる．したがってこ
れは変数 i を指定したのと同等で，第 9 行の文は

```
i = 10;
```

と同じになる．なお，第 9 行の文に含めたカッコは理解を助けるために入れたもので，実際に
は不要で

```
**ipp = 10;
```

と書ける．
　ポインタ変数のポインタ変数について説明したが，さらにそのポインタ変数も作ることがで

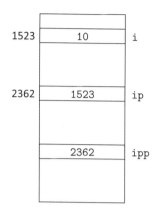

図10.5 ポインタ変数へのポインタを用いた処理

き，必要に応じてこれを続けていける．その変数宣言はアスタリスクを増やしていけばよい．

何段にもわたるポインタの参照はそう頻繁に利用されるものではないが，上で説明したポインタ変数のポインタ程度の参照はよく使われる．その実用的な例が8.2.4項で説明したプログラムの引数処理である．なお8.2.4項では main 関数の第2引数を「char *argv[]」と記したが，関数の引数に対しては変数名の左の空の角カッコ ([]) と，右側のアスタリスク (*) は同じ意味である．したがってこれは「char **argv」でも構わない．プログラムの引数に関してより詳しい記述が K&R の 5.10 節 (139 ページ) にあるので，余裕があれば参照してほしい．

まとめ

- ポインタ変数もメモリ上に作られるので，その位置にもアドレスがある．したがってポインタ変数のポインタもある．
- ポインタ変数のポインタを格納するポインタ変数は，アスタリスクを2つ (**) 付加して宣言する．
- 同様にしてさらに深いポインタ変数も宣言でき，利用できる．

10.7 メモリ領域の動的確保

変数はプログラム内で宣言される．たとえば

```
int ary[100];
```

とすると変数として大きさ100の配列が作られるが，この領域はプログラムが実行される前に確保されてしまう．したがって必要な配列の大きさがプログラムを実行して初めて分かるような場合には，このような変数の宣言では対応できない．このためC言語には，プログラムを実行中に必要に応じて変数を作成する方法が準備されている．プログラム実行中にメモリに変数の領域を確保することをメモリ領域の動的確保というが，ここでこれを説明しよう．

　変数の領域をメモリ上に確保するのにはmalloc，使用後にその領域を開放するのにはfreeという関数を使用する．なおメモリの領域を解放するとは，プログラムが独占使用していた領域を他の目的で使えるようにOSに返すということである．以下がプログラム例である．

プログラム10.4

```
 1:  #include <stdio.h>
 2:  #include <stdlib.h>
 3:  int main(void)
 4:  {
 5:    int *iary;
 6:    iary = (int *)malloc(10*sizeof(int));
 7:    iary[0] = 100;
 8:    printf("%d\n",iary[0]);
 9:    free(iary);
10:    return 0;
11:  }
```

まず関数mallocおよびfreeを使うためには，第2行の

```
#include <stdlib.h>
```

という記述を入れる必要がある．このプログラムでは要素数10のint型の配列を第6行で確保している．malloc関数の引数は確保するメモリの大きさである．大きさはバイト単位で指定するので，sizeof(int)によってint型のバイト数を得て，それを10倍している．malloc関数の戻り値は確保した領域の先頭のアドレスで，これをint型のポインタ変数iaryに代入しているが，その際にはキャストによってint *のポインタ型に変換している．malloc関数の戻り値の型はvoid *型であるのでどのようなポインタ型にも代入でき，文法的にはキャストは不要であるが，ここでは明示的変換の指示を入れておいた．なおここではエラーの処理はしてい

ないが，もしメモリ領域の確保ができなかった場合には malloc 関数は NULL という値を返すので，if 文で戻り値を調べればエラーの発生が検知できる．ここで iary に代入された値は，大きさ 10 の int 型配列として使用することができる．ここでは例を示すのが目的なので，最初の要素に 100 を入れてそれを表示するだけになっている．

malloc 関数で確保したメモリ領域は，利用が終わったら解放しなくてはならない．そのためには第 9 行のように free 関数を用いる．引数は malloc の戻り値となった，確保した領域の先頭アドレスである．領域の大きさに関する情報は与える必要はない．malloc 関数で確保した領域は free 関数で必ず開放しなければならない．これを忘れると問題のあるプログラムになる．たとえばメモリの確保と開放をループの中で行うプログラムで開放を忘れた場合，メモリの領域を食いつぶすプログラムになってしまう．このような間違いはメモリリーク (memory leak) の問題といわれ，検知が難しいプログラムの問題となるので，注意してほしい．

まとめ

- メモリの動的確保は malloc 関数によって行い，開放は free 関数によって行う．これらの関数を利用するときには，プログラムの最初に「#include <stdlib.h>」という行を入れる．
- malloc 関数には，引数として確保する領域のバイト数を与える．戻り値は確保した領域の先頭のアドレスで，型は void *型である．領域を確保できないときには NULL を返す．
- 使用したいデータ型が必要とするバイト数は sizeof 演算子を利用して計算する．

演習問題

問題 10.1

float 型の変数 x に 3.14 という値を代入することを，void 型のポインタ変数 vp を介して行え．

問題 10.2

int 型の大きさ 10 の配列 iary の要素番号が偶数の要素に 0 を代入する操作を，アドレス演算によって行え．

問題 10.3

int 型の配列とその大きさを受け取って，その配列の偶数要素に 0 を代入する関数を作成せよ．

問題 10.4

プログラム 7.2(89 ページ) は 10 個の数を入力して平均を計算するプログラムであった．こ

れを最初にデータ数を入力してから，その数だけの数を入力して平均を計算するプログラム
に変更せよ．その際データを入れる配列は malloc 関数を用いて動的に確保せよ．

問題 10.5

各変数が次のように定義されているとする．

```
int i, ia[10], *ip;
float f, fa[10], *fp;
void  *vp;
```

このとき，以下の (a) から (t) に示す代入文のうちで文法的に正しいもの，誤っているもの
はどれか，その理由と共に答えよ．

(a) fa = ia;　　(b) f = *fp;　　(c) *fa = i;　　(d) vp = fp;　　(e) fa = &i;

(f) f = *vp;　　(g) ia = &i;　　(h) f = *ip;　　(i) &fa = f;　　(j) fp = vp;

(k) *(ia+1) = f;　　　　(l) f = *(vp+1);　　　　(m) ip = ia+1;

(n) *ip = ia+1;　　　　(o) f = *((int *)vp+2);　　(p) f = *((void *)vp)+2;

(q) f = *((void)vp+2);　　(r) f = *((float *)vp)+2;　　(s) f = *((float)vp)+2;

(t) f = *((int *)vp)+2;

第11章
式と演算子

　式とは一般には数の演算方法に関する記述であり，演算結果を式の値としてもつ．C言語での式も同様であるが，必ずしも数の演算と限らないところが一般にいう式とは異なる．式は定数や変数と，それらに関する演算を行う演算子から構成されるが，式で中心的な役割を果たすのは演算子である．本節では 11.1 節でまず式の構造について簡単に整理した後，11.2 節以降で様々な演算子を見ていくことにしよう．

11.1　式の形式

　式とは定数や変数，あるいは値を返す関数を演算子で結んだものである．簡単な例として，図 11.1 に示す x+3 で考えてみよう．ここで x は float 型の変数としておこう．この式の中で x や 3 のように，演算される値を提供するもののことを**被演算数**という．被演算数は英語の名称を使いオペランド (operand) といわれることも多い．我々もオペランドという用語を多用する．そしてこれらの値を操作するもの，ここでの例では加算を行うプラス (+) が**演算子**である．なお演算子も，英語からの外来語としてオペレータ (operater) と呼ばれることもある．そしてオペランドを演算子で処理した結果が式の値になる．

　オペランドのデータ型が異なるとき，精度の高いオペランドの型に変換されて演算が行わ

図 11.1　式の構造

れ，式の値の型はその型になる．ここでいう「精度の高い」とは整数型に対し浮動小数点型の精度が高く，浮動小数点型の中では float，double，long double の順番で精度が高い．図11.1の例では定数3が整数型の int 型で，変数 x が float 型であるので，整数型の3が float 型に変換されて変数 x の値との加算が行われる．たとえば x に1が入っていたとすると結果は4になるので，式の値は4.0で型は float 型ということになる．なお，式の演算でオペランドの値が変化することはない．この式の演算で変数 x の値には何の影響もない．ここで述べたオペランドの型の変換に関する正確な記述は K&R の54ページにある．

　次に演算子であるが，演算子の種類としていくつのオペランドを取るかで分類されることがある．1つのオペランドを取る演算子のことを**単項演算子**という．単項演算子の例は符号を反転させるマイナス (-) や変数のアドレスを取り出すアンパサンド (&) などがある．オペランドを2つ取る演算子は**2項演算子**である．代表的な2項演算子は加減乗除を表す +，-，*，/ がある．なおマイナス記号は (-) は単項演算子としても2項演算子としても使われることになる．C言語にはオペランドを3つ取る3項演算子もあるが，ここでは省略する．式の中で中心的役割を果たすのがこれらの演算子である．以下，これについて見ていこう．

まとめ

- 演算を表現する記号を演算子またはオペレータ，演算される対象を被演算数またはオペランドという．
- オペランドを1つ取る演算子を**単項演算子**，2つ取る演算子を**2項演算子**と呼ぶ．
- 異なるデータ型がオペランドのとき，精度の低いデータ型のオペランドが高い型のオペランドの型に変換されて演算が行われ，演算結果も精度の高い型として得られる．

11.2　算術演算子

　算術演算子とは数値を扱う演算子である．これまでにも使ってきたが，改めて書けば以下のとおりである．

```
+  加算
-  減算
*  乗算
/  除算
-  符号反転
%  剰余 (モジュロ)
```

上記のうちで符号反転演算子のみが単項演算子で，それ以外は 2 項演算子である．注意すべき点は，除算演算子のオペランドが 2 つとも整数型の場合は整数の範囲で除算が計算され，結果の小数点以下は切り捨てになる．剰余演算子は剰余，すなわち除算したときの余りを与える演算子で，オペランドは整数型に限る．たとえば 5%3 は 2，4%5 は 4 である．この剰余演算子はモジュロ (modulo) 演算子とも呼ばれる．

まとめ

- 算術演算子は加算 (+)，減算 (−)，乗算 (*)，除算 (/)，符号反転 (−)，剰余演算 (%) がある．
- 整数の除算は小数点以下は切り捨てである．また剰余演算子 (%) のオペランドは整数である．

11.3 代入演算子

C 言語では変数に値を代入するには等号 (=) を用いるが，これも 2 項演算子として扱われ，加算や減算演算子と同じように値を返す．返す値は代入した値そのものである．この意味は，たとえば加算の式 2+3 は 5 という値を返すが，それと同様に i=3 は変数 i に代入される 3 という値を与える式として扱われるということである．したがって i と j を int 型の変数としたとき

```
j = i = 10;
```

のような記述が可能であり，i = 10 の部分で i に 10 が代入されると同時にこの式の自身の値が 10 となり，それが j に代入される．結果として i と j の両方に 10 が代入される．もちろん等号はさらに続けることができ，k も int 型の変数として

```
j = i = k = 10;
```

などとすれば i，j，k の全てに 10 が代入される．

代入演算子の仲間に加算代入 (+=)，減算代入 (−=)，乗算代入 (*=)，除算代入 (/=) がある．まずこれらの基本的な使い方を説明すると，たとえば

```
i += 10;
```

という文は i に 10 を加えること意味する．すなわち

```
i = i + 10;
```

と同じでである．同様に

```
i -= 10;
i *= 10;
i /= 10;
```

はそれぞれ

```
i = i - 10;
i = i * 10;
i = i / 10;
```

と同様の動作をする．さらにこれらも演算子であるから値を返す．返す値は通常の代入演算子と同様，変数に代入した値である．たとえば i に 20 が入っていたとき

```
j = i *= 10;
```

とすると i も j も 200 になる．なぜならば i *= 10 によって i が 200 になると共に，この式の値として 200 が返されるのでそれが j に代入されるからである．なお以上の説明で変数の型は int 型を用いて説明したが他の型でもよい．特に float 型のような浮動小数点型でも同様に機能する．

　この他，代入演算子の仲間としてインクリメント演算子 (++) およびデクリメント演算子 (--) がある．これらは変数の値を 1 だけ増やしたり，減らしたりする単項の演算子である．たとえば

```
i++;
```

とすると変数 i の値を 1 だけ増やす．たとえば i に 10 が入っていたとすれば，この文を実行後には 11 になる．反対にデクリメント演算子は 1 だけ減らす．上と同様に i に 10 が入っていたとして

```
i--;
```

を実行すると i の値は 9 になる．これらの演算子は変数の前に置いてもその変数に対しては同じ効果をもつ．すなわち上記の代わりに

```
++i;
```

としても i は 1 だけ増え，

```
--i;
```

としても 1 だけ減る．前置き，後置きの違いはこの演算子を式の中で使用したときに現れる．前置きの場合はその値は操作後の値になり，後置きの場合は操作前の値になる．たとえば i に 10 が入っていたとき

```
j = ++i;
```

とすると j には増加後の値 11 が代入されるが

```
j = i++;
```

とすれば増加前の値 10 が代入される．デクリメント演算子も同様である．

　以下にこれまで説明した代入演算子をまとめておく．これ以外の代入演算子については K&R の 2.10 節 (61 ページ) を参照願いたい．

```
=    代入
+=   加算代入
-=   減算代入
*=   乗算代入
/=   除算代入
++   インクリメント
--   デクリメント
```

まとめ
- C 言語では代入も代入演算子として演算と位置づけられる．式の値は代入演算子が代入し

た値となる.

- 代入演算子には単純な代入 (=) の他，加算代入 (+=)，減算代入 (-=)，乗算代入 (*=)，除算代入 (/=) がある.
- 代入演算子の仲間としてインクリメント演算子 (++) とデクリメント演算子 (--) がある. これらをオペランドに対して前置するか後置するかによって，式としての値が異なる.

11.4 論理式と論理演算子

理論式は if 文で使われる条件式として 5.1.2 項 (52 ページ) ですでに説明したので，まずはそちらを参照してほしい. ここでは 5.1.2 項で説明しなかった内容を補足をする.

論理式の値は真か偽であって数値ではない. したがってこれらの値を表すためには，本来はそのためのデータ型が必要である. たとえば Pascal というプログラム言語では，そのために Boolean(ブーリアン) という型を用意しているが，実は C 言語ではそのための特別なデータ型を作るのではなく整数型で代用している. そして偽は 0，真はそれ以外の値で表すことになっている. したがって比較演算子や論理演算子を用いた式は整数式で int 型を返す.

比較演算子は条件が成立すれば 1，成立しなければ 0 を返す. また論理演算子も同様で，論理積演算子 (&&) は両辺が 0 以外のとき 1，それ以外のとき 0 を返す. 論理和演算子 (||) は両辺のどちらかが 0 でないとき 1 を返し，両方とも 0 のときに 0 を返す. 否定演算子 (!) は単項演算子で，オペランドが 0 以外のとき 0，0 のときに 1 を返す.

以上で説明したように論理式は整数式なので，その結果は整数型の変数に保存しておける. たとえば float 型の変数 x の値が 0 以上 10 以下のとき if 文を実行したいとき，int 型の変数 cnd を宣言して

```
cnd = (x >= 0.0) && (x <= 10.0);
if(cnd) { ... }
```

のように記述することができる. if 文，while 文，for 文などの条件式を書く部分は，結局のところ整数式を書く部分なのである. 無限ループを作成する構文の 1 つとして

```
while(1) { ... }
```

を示したが，これは while 文の条件式として 1 が書かれており，そこでは 0 以外を真とみなすので条件が常に真となり無限ループになるのである. もちろん 0 以外ならよいので，2 でも 3

でも同様に動作する.

まとめ

- C 言語では論理表現を整数で代用する.整数の 0 が偽,0 以外が真である.
- 論理積や論理和などの論理演算も整数演算で表現されている.

11.5 ビット演算子とシフト演算子

整数型のデータを演算対象として,そのビットごとに論理演算を行う演算子がある.この演算子は OS などでハードウエアを操作したり,たとえば組み込みプログラムとして機械を制御するプログラムで有用に利用される傾向にある.ビット演算子は具体的には

&	論理積
|	論理和
^	排他的論理和
~	否定

がある.否定 (~) は単項演算子,他は 2 項演算子である.ここでビットごとの演算とは,オペランドのそれぞれの桁で独立した論理演算を行い,その結果を返すということである.以下の例で説明しよう.

まず論理積を用いて動作を説明する.たとえば 101 & 84 という式は,それぞれのオペランドのビットパターンの下位 8 ビットはそれぞれ 01100101 と 01010100 である.そしてそれぞれの桁で論理積演算,すなわち両者とも 1 の時は 1,それ以外のときは 0 とすると,以下のようになる.

$$\left.\begin{array}{l} \cdots\ 0\ 1\ 1\ 0\ 0\ 1\ 0\ 1 \\ \cdots\ 0\ 1\ 0\ 1\ 0\ 1\ 0\ 0 \end{array}\right\} \text{101 \& 84}$$
$$\cdots\ 0\ 1\ 0\ 0\ 0\ 1\ 0\ 0 \ \text{——}\ 68$$

結果のビットパターンは 01000100 となるので,10 進数としては 68 になる.

ビット演算子ではオペランドが char 型や short 型であっても int 型に変換されてから演算が行われ,結果は int 型で得られる[1].一般に int 型は 4 バイトなので,以上の説明は 4 バイト

---

[1] どちらかのオペランドが long なら long で演算が行われ,結果も long である.

のうちの下位1バイトの状態の説明である．なお上位3バイトのビットは全て0であるので，省略した．

　同様に論理和 101 | 84 では，両方のビットが0のとき0で，少なくともどちらかに1があれば1にすればよいので，結果のビットパターンは以下のようになる．10進表現では117ということになる．

$$\left.\begin{array}{l} \dots \fbox{0 1 1 0 0 1 0 1} \\ \dots \fbox{0 1 0 1 0 1 0 0} \end{array}\right\} 101 | 84$$
$$\dots \fbox{0 1 1 1 0 1 0 1} \text{——} 117$$

　同様に排他的論理和を用いて 101 ^ 84 とした場合である．排他的論理和とはどちらか一方が1で他方が0のときだけ1になる演算である．両方0，または両方1の場合には0となる．結果のビットパターンの10進表現は49である．

$$\left.\begin{array}{l} \dots \fbox{0 1 1 0 0 1 0 1} \\ \dots \fbox{0 1 0 1 0 1 0 0} \end{array}\right\} 101 \hat{} 84$$
$$\dots \fbox{0 0 1 1 0 0 0 1} \text{——} 49$$

排他的論理和はあるデータの特定のビットだけを反転させたい場合によく使われる．反転させたいビットが1であるデータを用意し，処理したいデータとの排他的論理和をとれば，処理したいデータのビットが反転する．

　否定の演算子は単項演算子なので，オペランドは1つである．ここでは10進数101の各ビットを反転させてみよう．式としては ~101 である．

$$\dots 0 \fbox{0 1 1 0 0 1 0 1} \text{——} \verb|~101|$$
$$\dots 1 \fbox{1 0 0 1 1 0 1 0} \text{——} \text{-102}$$

ビット演算子が使われた式は int 型として演算され，値101の上位3バイトは0であるので結果は全て1になる．上の説明図では..1でこれを表している．このビットパターンを2の補数表現で解釈すれば-102ということになる．

　ここで論理演算子とビット演算子の混同に注意をしておきたい．論理演算子はオペランドのビットに関係なく，全体の値が0でなければ真，0であれば偽として演算を行う演算子である．一方ビット演算子はビットごとに演算を行う．論理式にはビット演算子ではなく，論理演算子を使わなくてはならない．たとえば変数xの値が0以上10以下であるのを判定するのに

```
if((x > 0) & (x < 10)) { ... }
```

のようにビットごとの論理積 (`&`) を用いる間違いがある．オペランドの比較演算子を使った式は `int` 型として 0 か 1 を返すので，下位のビット (LSB) が 0 または 1 になり，ビット演算子を使ってもこの場合は正しく動作する．しかし本来の用途としては間違いで，論理演算子 (`&&`) を用いて

```
if((x > 0) && (x < 10)) { ... }|
```

とするのが正しい．

　ここでビットを意識させる演算子としてシフト演算子を紹介しておきたい．シフト演算子には，以下の2つがある

```
<<   左シフト
>>   右シフト
```

シフト (shift) とはそれぞれの桁の値をずらすことで，左にずらすのが左シフト，右にずらすのが右シフトである．これらの演算子は2項演算子であり，2つのオペランドは整数型でなければならない．左側のオペランドがシフトするデータ，右側がシフトする桁数である．

　以下は整数 101 を 2 桁左シフトした結果を示した図である．式は `101 << 2` である．各桁の値を左に 2 桁ずつずらすので，右端ではデータがなくなってしまうが，そこには 0 を入れる．左側の先では 2 桁分データは捨てられてなくなってしまう．図に示すように `101 << 2` の結果は 404 である．

一般に，1桁左シフトはされるたびに 2 進数としての値は 2 倍になる．

　一方以下は整数 101 を右に 2 桁シフトした例である．式は `101 >> 2` となる．この場合には右端のデータは捨てられてなくなってしまう．左の端ではもしオペランドの MSB が 0 ならば 0 が詰められ，1 ならば 1 が詰められる．定数 101 の MSB は 0 なので 0 が詰められ，結果は 25 になる．

一方シフトを施されるオペランドが-411の場合には，そのMSBは1なので左の先では1が詰められる．したがって -411 >> 2 の値は-103になる．

一般に，1桁右シフトする度にオペランドの値は1/2になる．小数点以下はより小さい値に丸められる．この意味は正の数に対しては小数点以下が切り捨てであるが，負の数に対しては小さい方の整数になるという意味である．たとえば-3を右に1桁シフトすると-1.5の小数以下を切り捨てた-1ではなく-1.5より小さい方の最初の整数である-2になる．これは負の値の表現に2の補数を使用していることに起因している．

まとめ

- ビット演算子は2進表現の整数に対して，各桁独立に論理演算を行う演算子である．ビット演算子には論理積 (&)，論理和 (|)，排他的論理和 (^)，否定 (~) がある．
- シフト演算子は2進表現の整数に対して，桁の移動を行う演算子である．シフト演算子には左シフト (<<) と右シフト (>>) がある．左シフトの場合は右から0が挿入されるが，右シフトの場合はMSBの値が挿入される．

11.6　演算子の優先順位

演算子が2つ以上含まれる式において，どの順番で演算子を適用するかに関して規則があり，これを演算子の優先順位という．

まず次の文について考えてみよう．

```
i = 10 + 2 * 3 << 2;
```

この文の式には演算子が4つ (=, +, *, <<) 含まれているが，これらがどのような順番で適用されるかで結果が変わる．これらの中では乗算 (*) が優先度が一番高く， 2 * 3 がまず実行されて6となり，上の文は

```
i = 10 + 6 << 2;
```

表 11.1 演算子の優先順位 (K&R 表 2-1 より転載)

演算子	結合規則
( ) [ ] -> .	左から右
! ~ ++ -- + - * & (*type*) sizeof	右から左
* / %	左から右
+ -	左から右
<< >>	左から右
< <= > >=	左から右
== !=	左から右
&	左から右
^	左から右
|	左から右
&&	左から右
||	左から右
?:	右から左
= += -= *= /= %= &= ^= |= <<= >>=	右から左
,	左から右

〔注〕：単項の +, -, * は二項形式より高い優先度をもつ

と等価の式になる．次の優先順位は加算 (+) で

```
i = 16 << 2;
```

になり，その次は左シフト (<<) で

```
i = 64;
```

となる．もっとも優先順位が低いのが代入演算子 (=) で，これにより変数 i に 64 が代入される順番で演算が進む．このような演算子の優先順位は K&R の表 2-1(65 ページ) にまとめられており，表 11.1 に転載した．

　同じ優先度の演算子が並んでいたときに，どちらの演算を先に行うかも決まっており，これも表 11.1 に記載されている．たとえば

```
i = 12 / 2 * 3;
```

という文では乗算 (*) と除算 (/) のどちらが先に実行されるかで結果が変わる．これらの演算

子の優先度は同じであるが, 結合規則は左から右になっているので, 左側にある演算子が優先して適用される. すなわち 12 / 2 が先に実行されて6になり次に 6 * 3 が実行され, 変数 i に代入されるのは 18 である.

演算子の優先順位を変えるにはカッコを使えばよい. 上の例で乗算を先にしたければ

```
i = 12 / (2 * 3);
```

とすればよく, この場合は i には 2 が代入される. なお優先順位を変更する必要がなくても, 分かりやすいようにカッコを使って構わない. 前節 (163 ページ) で例として挙げた条件文

```
if((x > 0) && (x < 10)) { ... }
```

において x > 0 と x < 10 を囲むカッコは不要であるが, 付けておいた方が読みやすい. また正確な優先順位を常に把握してプログラムを組むのもよいが, あやふやな場合にはカッコを使って優先順位をはっきり指定してしまうのも悪くはない.

まとめ

- 演算子には優先順位があり, その順番で演算が適用される.
- 最も高い優先度をもつ演算子としてカッコ (()) がある. 式の中では必要に応じ, カッコを用いて演算の順番を制御する.

演習問題

問題 11.1

以下に示された式の値を 10 進数を用いて答えよ.

```
(a)  1 == 1      (b)  1 != 1      (c)  4 >= 8      (d)  4 && 8
(e)  4 & 8       (f)  4 | 8       (g)  (4 << 1) & 8  (h)  !3
```

問題 11.2

int 型の変数 i が宣言されており, 以下のそれぞれの式を評価する前の i の値は 10 進数で 10 であるとする. 各式の値を 10 進数で答えよ.

(a)　`i++`　　　　(b)　`++i`　　　　(c)　`i = 30`　　　(d)　`i *= 10`

(e)　`(i >= 30)*5`　(f)　`i = i == 10`　(g)　`i = i != 10`　(h)　`i = ++i + 10`

第12章

構造体

構造体とは型が異なったいくつかのデータをまとめて扱うことを可能にする C 言語の機構である．複数のデータをまとめて扱う機構としては配列があったが，配列で扱えるのは単一のデータ型である．たとえば 1 番目を int 型，2 番目は float 型，3 番目は char 型のデータにするといったことは配列ではできない．このような型の異なったデータをまとめようとする場合に構造体を使用する．

本章でまず構造体が必要となる状況について考察し，構造体を設計して変数を宣言し，各要素を使用する方法を説明する．なお C 言語を拡張した言語に C++ があるが，その中で使われるクラスというオブジェクトは C 言語の構造体が基本になっていて，データの他に関数も構造体の中にまとめることができるようになる．構造体の理解は将来 C++ のクラスを理解する上でも助けになるはずである．

12.1 構造体の用途

構造体を必要とする状況をもう少し具体的に見るために，フィットネスクラブに属する会員の名前，年齢，身長，体重のデータを管理するプログラムを作る場合を考えよう．会員の管理をコンピュータを使わずに紙と鉛筆で行う場合には図 12.1 のような表を作ることになるであろう．左から順番に名前，年齢，身長，体重の欄を作り，各会員のデータを上から順次記載する．この表の横方向の 1 行が各個人に対応する情報になる[1]．

コンピュータプログラムでこれらの情報を管理する場合にも同様にするのが適当である．そのためには図 12.1 の表のデータが格納できる変数を用意しなければならない．まず表の中の

---

[1] このような表の横方向 1 行のまとまりを技術用語ではレコード (record) と呼んでいる．

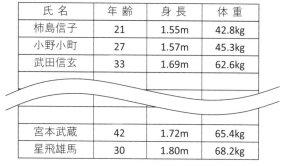

氏　名	年　齢	身　長	体　重
柿島信子	21	1.55m	42.8kg
小野小町	27	1.57m	45.3kg
武田信玄	33	1.69m	62.6kg
宮本武蔵	42	1.72m	65.4kg
星飛雄馬	30	1.80m	68.2kg

図 12.1 フィットネスクラブの会員情報の表

個々の情報のための変数について考えてみると，名前に関しては文字列が入るように char 型の配列を用意すればよいであろう[2]．年齢は整数であるから int 型，身長と体重に関しては小数点以下の値もあり得るので float 型が適切である．そしてこれらの変数を会員の数だけ用意する必要がある．

　配列を使ってもこれを実現することも不可能ではない．扱う会員の最大数を仮に 100 名とすると，それぞれの項目に対する変数を大きさ 100 の配列にすればよい．たとえば以下のようになる[3]．なお，名前は char 型の大きさ 20 の配列に入れられると仮定した．

```
char  name[100][20]; /* 名前 */
int   age[100];      /* 年齢 */
float height[100];   /* 身長 */
float weight[100];   /* 体重 */
```

しかしこれには欠点がある．名前なら名前，年齢なら年齢といった欄ごとに情報が配列としてまとめられているからである．そうではなくて，1 人分の名前や年齢などのデータがまずまとまり，それが 100 人分あるといった構造が望ましい．それは各データの関係として，全ての会員の名前や年齢というまとまりよりも，1 個人というまとまりの方が強いからである．

---

[2] 日本語の文字列については説明していないが，日本語も char 型の配列に入れられる．

[3] char 型の配列 name の宣言で，配列の大きさを指定する角カッコが 2 つある．これは 2 次元配列と呼ばれる配列で，要素数が 20 の char 型配列が 100 だけ連なった構造になる．構造体の説明に関しては重要でないので説明は省略するが，詳細が知りたい場合には K&R の 5.7 節「多次元配列」(135 ページ) を参照されたい．

　この結びつきの強さは，紙のカードを使って会員管理をする状況を考えれば理解される．この場合，1枚目のカードに全ての会員の名前を書き，2枚目に全ての年齢データ，3枚目に全ての身長データといった使い方をするであろうか．そうではなく，通常は1枚のカードには1人の会員の名前や年齢の情報を記入し，そのようなカードを会員分だけ束ねるという使い方をする．これはまず個人という単位で情報をまとめ，それが人数分あるという考え方の方が人間にとって自然であることを意味している．コンピュータプログラムもそれを作成するのは他ならぬ人間であるから，このような構造をもった変数で情報を管理するのが望ましい．そこで構造体を使って名前や年齢などのための変数をまずまとめ，その構造体の変数を配列にして人数分用意するという変数の構造にするのである．

　異なる型の変数をまとめる必要性について説明し，そのための機構として構造体があることを説明したが，同じ型の変数でも，それらをひとまとまりとして扱いたい場合にも構造体は便利な機構である．そのような例としては，たとえば複素数がある．複素数は実数部と虚数部の2つの実数から成るが，それを直接扱う変数の型はC言語には用意されていない．そこで2つの float 型の変数を構造体の機構によってまとめて，複素数のための変数を作るのが適当である．もちろん2つの float 型の変数をまとめることは配列によってもできるが，後で述べるように，構造体で実現すると変数間の代入操作が1つの代入文で行えるなど，好ましいことが多くある．以下具体的に構造体を示してこれらのことを説明していくことにしよう．

まとめ

- 複数の異なる型の変数を1つにまとめるときに**構造体**を使用する．たとえば会員名簿のソフトウエアを作るときなどに，1人の会員に対応する情報を1つの変数にまとめたい場合などに使用できる．

12.2　構造体の型とその変数の宣言

　構造体を利用する場合，最初にどのような型の変数をどのようにまとめるかを指定し，その後で実際の変数を作るという2つのステップを踏む．最初のステップを**構造体の型の宣言**，次のステップをその**構造体の変数の宣言**と呼んでいる．最初のステップ，すなわち構造体の型の宣言は構造体の設計の部分である．構造体では色々なタイプの変数を自由にまとめることができるので，どのようにまとめるかをプログラマーがコンピュータに指示しなければならない．これが構造体の型の宣言である．しかしこの段階では構造体の設計図を示しただけで，実際の変数は作られていない．次のステップ，変数の宣言で実際の変数を作成する．

　それでは最初のステップ，構造体の型の宣言を見ていこう．構文は次のようになる．

> **struct 構造体名 { メンバの並び };**

まず struct[4] というキーワードを書き，次にその構造体の名前を書く．構造体の名前はプログラマーが自由に付けることができるので，構造体の用途を端的に表す名前にするのがよい．次にひとまとめにする変数を波カッコ ({}) で囲んで書く．ここでまとめた変数を，その構造体のメンバ (member) と呼ぶので覚えてほしい．具体例を示そう．先のフィットネスクラブの例では次のようになる．

```
1: struct person {
2:   char  name[20];
3:   int   age;
4:   float height;
5:   float weight;
6: };
```

この構造体は会員 1 人の情報を保持する構造体であるので，その名前を person とした．そのメンバは char 型の大きさ 20 の配列 name，int 型の変数 age，float 型の変数 height と weight である．

　複素数の例では

```
1: struct complex {
2:   float re;
3:   float im;
4: };
```

となる．構造体の名前は複素数 (complex number) を表す complex とし，そのメンバは float 型の変数 re と im とした．メンバ re は複素数の実数部，im は虚数部保持するために使用する．

　フィットネスクラブの会員の例でも複素数の例でも，以上で行ったのは構造体の型の宣言であり，構造体の設計図を作成したに過ぎない．構造体を実際に使うには，その設計図を使って

---

[4] 構造を意味する英語 structure の最初の部分である．

変数を作成する必要がある．これが次のステップ，構造体の変数の宣言である．これは以下の構文で行う．

```
struct 構造体名 変数名;
```

上で定義した person 型構造体の変数を 3 つ，a，b，c という名前で宣言するには

```
struct person a, b, c;
```

となる．複素数の例も示しておくと，この構造体の変数 x と y を宣言するには

```
struct complex x, y;
```

となる．

　構造体の配列を定義することもできる．フィットネスクラブの例で図 12.1 の表に対応する変数を作るには構造体 person 型の変数を配列にすればよい．100 人分の情報が格納できる配列変数 member を作るとすると

```
struct person member[100];
```

である．

　以上が構造体とその変数の基本であり，最初はこれだけで十分である．しかし少し慣れてきたら知っておくとよいこととして少し補足する．

　まず，ここまでの説明では，構造体を利用するのにその型の宣言と変数の宣言の 2 段階を経た．しかしこれらを 1 つの文で一度に行うこともできる．構文は以下のようになる．

```
struct 構造体名 { メンバの並び } 変数名;
```

複素数の例で示すと

```
struct complex {float re; float im;} x, y;
```

となる．もちろんこの文には構造体 complex 型を宣言する効果が含まれているので，これ以降の文で新たな変数を定義することも可能である．たとえば変数 z を定義するには

```
struct complex z;
```

でよい．さらにこの z のように新たな変数を定義しないならば，構造体の名前を省略することができる．すなわち上の例で x, y 以外の変数が不要なら

```
struct {float re; float im;} x, y;
```

でよい．そもそも構造体の型の宣言でその構造体に名前を付ける理由は，後の変数の定義でどの構造体であるかを識別するためである．したがってもうその型の構造体変数を作ることがないならば名前も要らない．もちろん付けておいても問題はない．

なお，構造体の型を宣言する構文のメンバ名の並びの部分は，通常の変数を定義する構文と同じである．通常の変数定義で同じ型の変数を複数定義するときには型名に続けて変数名をカンマで続けることができた．メンバの並びの部分でも同様で，complex 型構造体の型の宣言は

```
1:  struct complex {
2:    float re, im;
3:  };
```

でもよい．

まとめ

- 構造体を利用するには，まず「struct 構造体名 { メンバの並び };」という構文で構造体の型の宣言を行う．その後「struct 構造体名 変数名;」という構文で構造体の変数の宣言を行う．
- 「struct 構造体名 { メンバの並び } 変数名;」という構文で，構造体の型の宣言と変数の宣言を同時に行うこともできる．
- 構造体を構成する各変数のことを構造体のメンバという．

12.3　構造体変数の利用

以上のようにして作成した構造体の変数を利用するには，そのメンバへ値を代入したり，保持された値を参照したりする必要がある．ある構造体変数のメンバを指定するには，次のよう

に変数名に続けてドットを書き，その次にメンバ名を書く．

> 変数名. メンバ名

たとえば complex 型構造体の変数 x のメンバ re に 3.1，im に 1.0 を代入する場合は以下となる．

```
x.re = 3.1;
x.im = 1.0;
```

また complex 型構造体の変数 x, y, z があったとき，複素数として x と y を加算して z に代入するプログラムは

```
z.re = x.re + y.re;
z.im = x.im + y.im;
```

のようになる．

まとめ

- 構造体変数のメンバを参照するにはドット (.) を用いて「**変数名. メンバ名**」とする．

12.4　構造体変数の代入

　構造体の変数は複数の変数 (メンバ) がまとめられたものであるが，代入文によってそれら全てのメンバの代入が行われる．complex 型構造体の変数 x と y があり，x のメンバ re に 3.1，im に 1.0 が入っているとき，

```
y = x;
```

の 1 文によって y の対応するメンバも同じ値になる．

　さらに構造体は関数の引数や戻り値に指定することができる．複素数の加算を行う関数 add を定義することにしよう．この場合には 2 つの complex 型構造体を引数としてとり，それらを加えた結果を同じく complex 型構造体で返すことになる．

```
1:  struct complex add(struct complex u, struct complex v) {
2:    struct complex w:
3:    w.re = u.re + v.re;
4:    w.im = u.im + v.im;
5:    return w;
6:  }
```

この関数は，x，y，z が complex 構造体の変数であるとして，

```
z = add(x,y);
```

のように使用する．

まとめ

- 構造体変数は1つの変数として代入が可能で，それによって全てのメンバが代入される．
  また関数の引数や戻り値として利用することもできる．

12.5　typedef の利用

　構造体の型を宣言すると，それは int や float と同じようなデータ型という位置づけになる．
int 型変数の定義

```
int i;
```

と構造体変数の型の宣言

```
struct complex x;
```

とを比べてみると struct 構造体名 でデータ型を指定する役割を果たしていることが分かる．
すなわち構造体はプログラマーが定義した新たなデータ型という位置づけになっている．int
型や float 型のような最初から存在するデータ型との違いは，構造体に対しては加算 ($+$) や減
算 ($-$) などの演算が利用できないことと，データ型を示す場合に struct 構造体名 の2語を

書かなければならないことである．このうち演算を定義することは残念ながらできない[5]が，構造体の指定を1語で行えるようにすることは typedef を利用すればできる．

typedef[6] はあるデータ型に別名を付ける機構で，構造体とは直接の関連はない．構文は

> typedef 型名 別名;

となっていて typedef に続けて別名を付けたいデータ型の名前，その次にそれに付ける別名を書く．たとえば int 型に seisu という別名を付けたい場合

```
typedef int seisu;
```

とする．これによって

```
int i;
```

の代わりに

```
seisu i;
```

と書けるようになる．なおこれによって int という型名が無効になったわけではないので，引き続き

```
int j;
```

のような変数宣言は有効である．

さてこの機構を構造体に適用する．構造体 complex が定義されているとして，それに fukuso という別名を付けるには

```
typedef struct complex fukuso;
```

とすればよい．これで complex 型構造体は fukuso という1語で指定でき，

---

[5] C++ になると可能になる．

[6] typedef というキーワードは，型の定義を意味する英語 type definition から来ている．

```
fukuso x, y;
```

といった変数宣言が可能になる．なお別名として fukuso を使ったが，構造体の名前と typedef
で付ける別名とは同じでも混乱はないので，次のように別名を complex としてもよい．

```
typedef struct complex complex;
```

第3語目の complex が構造体の名前，第4語目の complex がここで付ける別名の指定である．
こうすると変数宣言は

```
complex x, y;
```

となって英語で統一され，すっきりする．

　これで構造体の指定を1語で行うことが可能になったが，以上の説明ではまず構造体 complex
を定義し，次に typedef で別名を付けるという2段階を経ることになる．実は typedef 文の中
に構造体の宣言を組み入れることによって，これらを一度に行ってしまうこともできる．それ
には次のようにする．

```
typedef struct {float re; float im;} complex;
```

データ型の名前の指定部分に構造体の宣言を入れている．これだけ行えば

```
complex x, y;
```

のような変数宣言が可能である．

　先に複素数の加算を行う関数 add を定義したが，引数や戻り値の型の指定が長々としてして
いた．複素数のための構造体が complex の1語で指定できるようになったので，これを利用し
て書き直すと次のようにすっきりする．

```
1:  complex add(complex u, complex v) {
2:    complex w:
3:    w.re = u.re + v.re;
4:    w.im = u.im + v.im;
```

```
5:    return w;
6:  }
```

まとめ

- `typedef`はデータ型に別名を付けるC言語の機能である.
- `typedef`で構造体の型に別名を付けることによって，予め備わったデータ型のように1語で構造体の型が指定できるようになる.

12.6　構造体へのポインタ

構造体の変数もメモリ上に格納される通常の変数であるから，格納されている領域にはアドレスがあり，ポインタを利用して操作できる．たとえば

```
struct example {int m1; int m2;};
```

で型を宣言された構造体があるとする．この場合

```
struct example *sp;
```

とすれば，この構造体の変数を指すポインタ変数spが宣言できる.

```
struct example s;
```

として変数を宣言し，

```
sp = &s;
```

としてそのアドレスをspに代入すれば，

```
(*sp).m1 = 10;
```

のように利用することができる.

以上でよいのであるが，構造体へのポインタは比較的よく利用されるので，ポインタ変数の

指す構造体のメンバを指定するのに特別な記法 (->) がある．以下の記法で上記と同じ意味になる．

```
sp->m1 = 10;
```

すなわち，sp に構造体のアドレスが入っているとき，sp->m1 とすると，そのアドレスにある構造体のメンバ m1 という意味になる．

まとめ

- 構造体変数もメモリ上に作られるので，構造体変数に対するに対するポインタ操作や演算も可能である．
- 構造体のポインタが指し示す構造体のメンバを参照するために，特別な記法「->」が用意されている．

演習問題

問題 12.1

3 次元ベクトルを扱う構造体を宣言したい．メンバは，ベクトルの各要素を保持する float 型の変数 x, y, z とする．また構造体の型指定を vec3 という 1 語で行えるように typedef の機能を利用する．これを 1 文で行う C 言語の文を示せ．

問題 12.2

問題 12.1 で示した構造体宣言が行われているとして，それを利用して 2 つのベクトルの加算を行う関数 add と減算を行う関数 sub を作成せよ．これらの関数は 2 つの vec3 型の引数を取り，結果を vec3 型の戻り値として返す．なおベクトルの加算と減算は，要素どうしの加算と減算を行えばよい．

問題 12.3

2 つの 3 次元ベクトルの内積を計算する関数 inner と外積を計算する cross を作成せよ．関数 inner は 2 つの vec3 型の引数を取り float 型の戻り値を返す．関数 cross は 2 つの vec3 型の引数を取り vec3 型の戻り値を返す．なお 2 つのベクトルの成分を (x_1, y_1, z_1) および (x_2, y_2, z_2) とすれば，内積の値は

$$x_1 x_2 + y_1 y_2 + z_1 z_2$$

で計算され，外積のベクトルは

$$(y_1 z_2 - z_1 y_2,\ z_1 x_2 - x_1 z_2,\ x_1 y_2 - y_1 x_2)$$

で計算される.

問題 12.4

3つの3次元ベクトル a, b, c が張る平行六面体 (下図) の体積 V は

$$V = |a \cdot (b \times c)|$$

で計算できる.

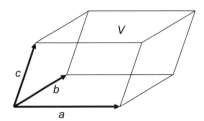

なお上式に含まれている記号は, x と y を3次元ベクトルとして $x \cdot y$ は x と y の内積, $x \times y$ は x と y の外積である. また u を実数として $|u|$ は u の絶対値である. 上式で表される演算を3つのベクトルのスカラー三重積と呼んでいる. 問題 12.3 までのプログラムが作成されているとして, キーボードより3つのベクトルの各成分を入力し, それらが張る平行六面体の体積を計算して画面に表示するプログラムを作成せよ.

第13章
初期化

　変数を宣言するとメモリ上にその変数のための領域が作られるが，その値，すなわちメモリのビットパターンはどのようになっているか分からない．したがって，意味のある値を代入してから変数を使用しなければならない．しかし変数を宣言すると同時に値を設定する方法がある．これが初期化である．本章ではこの初期化について説明する．

13.1　スカラー変数の初期化

　スカラー変数とは一つの値しか保持できない単一の変数のことで，配列や構造体に対比される変数の種類である．スカラー変数の初期化は，その変数の定義に続けて等号 (=) と設定したい値を書く．たとえば int 型の変数 i を宣言し，その初期値を 10 に設定したいならば以下のように書く．

```
int i = 10;
```

これは結局，変数を宣言してから値 10 を代入する以下のプログラム

```
int i;
i = 10;
```

と動作は同じと考えてよい．

　ただしこのことは自動変数と呼ばれる変数に対してだけ正しい．変数には型とは別に記憶クラスという区分があり，この区分には自動変数と静的変数がある．記憶クラスについては第15章で説明するが，これまでは自動変数しか扱ってこなかったので，差し当たりは上の説明で

正しい．静的変数の初期化に関しては第15章で改めて説明する．

　なお初期化の代入でもデータの型変換は行われる．変換の規則は代入の場合と同じである．上記の初期化は

```
int i = 10.0;
```

としても同じであるし，たとえばfloat変数を整数で初期化する

```
float x = 10;
```

のようなプログラムを書いても問題はない．

まとめ

- 変数宣言で，変数名に続けて等号 (=) と数値を続けることによって，変数を作成するのと同時に値を代入しておくことができる．これを初期化という．
- 初期化においても，変数と初期化に用いる値の型が異なるときには，変数の型にあうように型の変換が行われる．

13.2　配列の初期化

　スカラー変数の初期化は1つの要素でよかったが，配列の場合は複数の要素を初期化する必要がある．そのため設定すべき値を波カッコ ({}) の中にカンマで区切って並べる記法を用いる．そのように記述した値が，配列の最初の要素から順に設定される．たとえば

```
int ary[3] = {10,20,30};
```

とすると，大きさ3のint型の配列aryができ，ary[0] が10，ary[1] が20，ary[2] が30になる．また配列変数でも．スカラー変数の初期化と同様に型変換が行われるので，上記の初期化は

```
int ary[3] = {10.0,20.0,30.0};
```

としておいても同じ値での初期化になる．

　配列の初期化において，カッコ内に記述する数値の数は配列の要素数と同じであることが基

本であるが，配列の要素数指定より少なくてもエラーにはならない．その場合は配列の先頭の
要素から記述した値が順に使われ，残りの要素には0が代入される．たとえば

```
int ary[4] = {10,20};
```

とすると ary[0] が 10，ary[1] が 20 になり，ary[2] と ary[3] は 0 で初期化される．ここでは
int 型の配列で説明したが，これは他の型でも同様である．たとえば

```
float fary[4] = {1.0,2.0};
```

とすれば fary[2] と fary[3] は 0.0 になる．一方配列の要素数よりも初期化の定数の数の方が
多い場合はエラーである．たとえば

```
int ary[3] = {10,20,30,40};
```

はエラーになる．
　また配列変数の宣言で初期化の記法が使われているときは，次のように要素数の指定を省略
することができる．

```
int ary[] = {10,20,30};
```

配列 ary の大きさは初期化の要素の数から決定され，この場合には3になる．定数の表を表す
配列などで，後からプログラムを修正して要素数を変更する可能性がある場合には，あえて要
素数の指定を省略してしまったほうが便利なこともある．こうすれば初期化の部分のみを変更
すれば要素数の変更に対応できる．

まとめ

- 配列の初期化は，配列に代入する数値を波カッコ ({}) で囲む.
- 配列の要素数より初期化の数値の数が少ないときには，初期化の数値は配列の初めの要素
  を初期化するために使用され，残りの要素には0が代入される．配列の要素数より初期化
  の値の数が多いときにはエラーになる.
- 配列変数の宣言で初期化の項があるときには，要素数の指定は省略できる．要素数は初期
  化の数値の個数と同じになる.

13.3　構造体の初期化

　構造体に対しても配列の場合と同様，波カッコを用いた初期化記法を使用する．たとえば

```
struct s_name {int i; float x;};
```

のように型宣言された構造体 s_name があった場合，その変数 s を初期化するには

```
struct s_name s = {10,20.0};
```

のように記述すれば s.i が 10 に，s.x が 20 に初期化される．また型変換に関してもスカラー変数や配列変数と同様であるから，上記は

```
struct s_name s = {10.0,20};
```

としても 10.0 は int 型，20 は float 型に変換されて初期化されるので，同様の結果になる．
　構造体の配列も同様の記法で初期化できる．波カッコ内の初期化要素が順番に構造体の配列に入れられる．

```
struct s_name sary[2] = {10.0,20,30.0,40};
```

とすれば s[0].i が 10 に，s[0].x が 20 に，s[1].i が 30 に，s[1].x が 40 になる．配列を構成する各構造体への対応を明確化したい場合には，波カッコを二重に使用して

```
struct s_name sary[2] = {{10.0,20},{30.0,40}};
```

してもよい．
　初期化項目の省略に関してもスカラー変数が要素の配列変数と同様に機能する．

```
struct s_name sary[2] = {10.0,20};
```

とすると s[1].i と s[1].x は 0 に初期化される．さらに

```
struct s_name sary[2] = {10.0,20,30.0};
```

とすると s[1].x のみが 0 に初期化される.

　配列の要素数の省略についても，配列と同様に初期化要素の個数から計算される. たとえば

```
struct s_name sary[] = {10.0,20,30.0,40};
```

は sary の要素数は 2 になる.

```
struct s_name sary[] = {10.0,20,30.0};
```

の場合の要素数は 2 のままであり，s[1].x が 0 になる

```
struct s_name sary[] = {10.0,20};
```

として初めて sary の要素数は 1 になる.

まとめ

- 構造体変数の初期化は，配列の初期化と同じ波カッコ ({}) を使った記法を使用する. 初期化の数値はその並び順に構造体のメンバに代入される.
- メンバの数より初期化の数値の数が少ない場合には，数値が足りない部分は 0 の初期化が行われる. 初期化の数値の数がメンバの数より多い場合にはエラーになる.
- 構造体の配列の初期化も同様に，配列の各要素の並びと，その中でのメンバの並びの順に，初期化の数値の並びが使われていく.
- 構造体の配列の場合にも，初期化の数値の数が配列の中の全ての構造体メンバの数より少ない場合には，足りない部分には 0 が代入される. 初期化の数値の数が，配列の中の全てのメンバの数より多い場合はエラーになる.
- 構造体，あるいは構造体の配列の場合にも，初期化の代入では数値の型の変換が行われる.

13.4　文字列と文字列ポインタの初期化

char 型[1] の配列に限って，文字列で初期化することができる. たとえば

---

[1] unsigned char 型でも構わない.

```
char cary[4] = "abc";
```

という定義は

```
char ary[4] = {'a','b','c','\0'};
```

と同じである．文字列はその終わりを示す NULL 文字が必要なので，文字列に含まれる文字よりも少なくとも 1 文字多い配列が必要となる．ここでは文字列の文字数が 3 なので，大きさ 4 の配列としている．もちろん 4 より大きくても問題はない．その場合残りの要素には，先に述べた規則によって 0，すなわち NULL 文字が代入される．また文字列による初期化でも，要素数の省略が可能である．

```
char cary[] = "abc";
```

とした場合も配列 cary の大きさは 4 である．

　char 型の配列の初期化と外見上は似ているが，全く異なるものに char 型のポインタ変数の文字列による初期化がある．char 型のポインタ変数 cptr を

```
char *cptr = "abc";
```

のように文字列で初期化することができる．そして上記の配列 cary もポインタ変数 cptr も，printf 関数の文字列のための変換文字 %s で，全く同じに出力することができる．すなわち

```
printf("%s",cary);
```

としても

```
printf("%s",cptr);
```

としても，画面には同様に abc という文字が出力される．それでは両者の違いは何であろうか．

　それを説明したのが図 13.1 である．図の上部は配列 cary の場合である．この場合は配列の宣言であるから 4 文字分の領域が取られ，指定の文字で初期化されている．しかし cary という文字自体が意味するところは配列の先頭アドレスであり，このような名前のメモリ上の領域

があるわけではない.

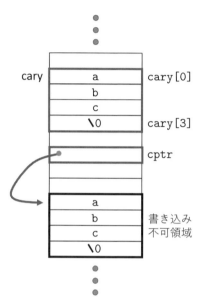

図 13.1　文字型配列の初期化とポインタの初期化

　一方 cptr を状況を説明しているのが図 13.1 の下側である. 変数 cptr これ自体が変数であるからそのための領域が取られている. そしてこれを文字列で初期化すると, 実際の文字列データを入れる領域がない. それで特別な書き込み不可のメモリ領域に文字列データを格納し, その先頭アドレスを cptr に代入する操作を行う. 図 13.1 の矢印はこのことを示している. printf 関数に与える文字列の引数は文字列の先頭アドレスであるから, cary という定数を与えても, 文字列の先頭アドレスを保持している cptr というポインタ変数の内容を与えても, どちらも正しく動作する. しかし配列 cary の内容は変更できるが, cptr が指す先のデータは変更できない. 具体例を示せば

```
cary[0] = 'z';
```

は可能であるが,

```
cptr[0] = 'z';
```

は実行時にエラーとなる. 変更不可のシステム領域のメモリを変更しようとするからである.

　これまで複数の文字をダブルクォーテーションで囲んだ文字列と, char 型の配列に入れた文字列を特に明確に区別してこなかった. しかしダブルクォーテーションで囲んだ文字列は**文字列定数**と呼ぶのがふさわしいデータで, C 言語のプログラムの中でこの表現が現れると, 読み込むことはできるが修正することはできないメモリ領域に文字列の構造を作り出し, その先頭アドレスを返す式として作用する. すなわち初期化の構文ではない通常の代入文でも

```
cptr = "xyz";
```

のようにできるし,

```
printf("%s\n","xyz");
```

のように, char 型のポインタの引数として渡すこともできる. しかし文字列の定数であるから, その内容は変更できない.

まとめ

- char 型の配列に限り, 文字列での初期化が可能である.
- char 型のポインタ変数も文字列での初期化が可能であるが, char 型の配列の初期化と異なり**文字列定数を指すアドレスが代入される. 文字列定数の内容はプログラムからは変更できない.**

演習問題

問題 13.1

　以下のコードと同じ効果をもつ初期化項をもつ変数宣言を書け.

(a)

```
double x;
x = 3.14;
```

(b)

```
float xary[2];
*xary = 3.14;
*(xary+1) = 2.71;
```

(c)

```
struct {int a; int b;} sary[2];
sary[0].a = sary[1].a = 1;
sary[0].b = sary[1].b = 2;
```

問題 13.2

以下の文で宣言されている配列の要素数はいくつになるか.

(a)

```
float xary[] = {1.0, 2.0, 3.0};
```

(b)

```
char cary[] = "OK";
```

問題 13.3

以下のコードを実行するとエラーになる. その理由を述べよ.

```
char *str = "hello";
*str = 'H';
```

第14章
コンパイラの動作

第2章で説明した通り，コンピュータで情報処理を行うのは CPU であり，CPU は機械語の
プログラムしか実行できない．したがって C 言語のプログラムを書いてもそのままでは実行
することができず，機械語のプログラムに変換しなければならない．この作業をコンパイル
(compile) と呼んでおり，これを行うプログラムがコンパイラ (compiler) である．

コンパイルの作業は大変複雑であるが，大部分はプログラマーは特に気にかける必要はな
い．しかしいくつかのコンパイル過程はソースプログラムの書き方に関係してくるので，その
動作を知っておく必要がある．本章ではこれの解説をする．本章を読めば，これまでおまじな
いとしていた

```
#include <stdio.h>
```

といった文や，NULL や EOF などの怪しい単語も，何であるかが理解できるはずである．

14.1　コンパイル過程

あるプログラムをコンパイルするのは簡単で，たとえば端末から

```
$gcc prog.c
```

と入力すれば，ソースプログラム prog.c がコンパイルされて，実行可能なファイル a.out がで
きる．しかしこの作業過程を細かく見ると，いくつかのステップを経てコンパイルされる．こ
れを示したのが図 14.1 である．四角で囲んだ名前がそれぞれのステップを実行するプログラ
ムの名前で，まずプリプロセッサと呼ばれるプログラムがソースプログラムを処理し，その結
果を受けてコンパイラの本体が実行される．その後，アセンブラ，リンカが実行されて実行可

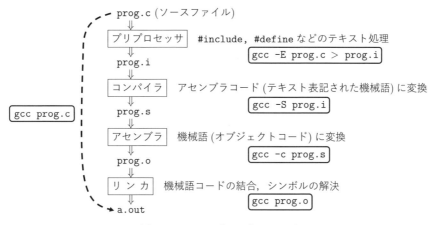

図14.1 コンパイルの各ステップ

能ファイルができる．これらの各ステップのプログラムはprog.iやprog.sのような途中結果のファイルを作成するが，上のようにコンパイルを行うと，図14.1の破線矢印で示したようにそれらは削除され，最終結果のa.outだけが残される．それでは以下，それぞれのステップを説明して行こう．

14.1.1　プリプロセッサ

コンパイル作業の最初の過程はプリプロセッサ (pre-processor) の実行である．プリプロセッサはソースプログラムに対して文字の置換を行ったり，プログラムのある部分に別のファイルの内容を挿入したりというテキスト処理を行う．人間はエディタを使ってソースファイルを編集するが，ソースプログラムに埋め込まれた指示に従ってそのような操作を行うのがプリプロセッサである．その指示が#includeなどのC言語のプログラム内のシャープで始まる文なのである．#includeはその部分に別のファイルの内容を差し込む指示で，プリプロセッサ命令と呼ばれるが，プリプロセッサ命令は14.2節で説明する．

なおプリプロセッサを実行した結果は，以下のように-Eオプションを指定してgccを実行すれば得られる．

```
$gcc -E prog.c > prog.i
```

単に-Eオプションを指定するだけだと，処理結果は画面に表示されてしまう．そこで結果をファイルに入れるためにコマンドに加えて大なり記号とファイル名 > prog.i を入れる．この

記法はリダイレクト (redirect) と呼ばれ，画面に出力される内容をファイルに入れる記法である．この場合は画面への出力が prog.i という名前のファイルに入れられる．このファイルの内容を見ると，プリプロセッサがどのような処理を行ったかが確認できる．

　プリプロセッサの出力はソースファイル prog.c と最初の部分が同じで，エクステンション (ピリオド以下の部分) が.i のファイル名とした．これはこのエクステンションが，プリプロセッサの処理を経た結果であることを意味する約束になっているからである．

14.1.2　コンパイラ

　プリプロセッサに続く過程は，コンパイラの本体が行う C 言語を機械語の命令に変換する作業である．コンパイラという言葉は図 14.1 の全ての過程を実行するプログラムを示す場合も多いが，ここでいうコンパイラは狭い意味でのコンパイラで，プリプロセッサの処理を含まない純粋な C 言語のコンパイラである．

　コンパイラは C 言語のプログラムを機械語に変換すると説明したが，機械語そのままではなく，機械語の命令をその名前，ニーモニックで表現したプログラムに変換する．このニーモニックで表現されたプログラムのことをアセンブラ (assembler) と呼ぶが，なぜ直接機械語に変換せずにアセンブラにするかは，人間がこの段階でプログラムを修正できるようにするためである．非常に細かい処理を要求されるプログラムの場合，このレベルで人間のプログラマーによる修正が必要なことがある．アセンブラプログラムを経由することでこれが可能になる．

　コンパイラが出力するアセンブラプログラムは

```
$gcc -S prog.i
```

とすれば prog.s というファイルで得られる．エクステンションの.s はアセンブラプログラムを表す．ここでプリプロセッサの出力ファイルでなく，C 言語のソースファイルを入力として

```
$gcc -S prog.c
```

としてもよい．コンパイラ gcc はファイルのエクステンションにより，C 言語のソースプログラムで，プリプロセッサの処理を経ていないことが分かるからである．

14.1.3　アセンブラ

　次の過程はアセンブラで表された機械語のプログラムを，本当の機械語に直すことである．少々紛らわしいが，これを行うプログラムも言語の名前と同じアセンブラ (assembler) と呼んでいる．またここでできた本当の機械語のファイルをオブジェクトファイル (object file) と呼

び, エクステンション.oでそれを表す. オブジェクトファイルは文字のファイルではなく, 2
進数の情報を保存したファイル (これをバイナリファイル (binary file) という) であるので,
もはやエディタで編集することはできない.

　オブジェクトファイルを得るにはオプション-cを用いて

```
$gcc -c prog.s
```

とする. これによりオブジェクトファイル prog.o が生成される. なお入力となるファイルは
prog.i や prog.c でも構わない. これらのファイルをしてした場合には, エクステンションか
ら判断して適切な過程からコンパイル作業を始める.

14.1.4　リンカ

　これまでの作業で機械語のファイルができたが, まだこのオブジェクトファイルは実行する
ことができず, 実行可能ファイルを作るにはさらにリンク (link) という作業を経なければなら
ない. 直接実行可能ファイルを作成せず, 中間段階としてオブジェクトファイルを作成する理
由は, 分割コンパイルを可能にするためである. これについては 14.3 節で説明する.

　リンクは複数のオブジェクトファイルを結合して一つの実行可能ファイルを作成する作業
で, それを行うプログラムはリンカ (linker) と呼ばれるプログラムである. リンカを実行して
オブジェクトファイル prog.o から実行ファイル a.out を作成するには

```
$gcc prog.o
```

とする. ここで入力ファイルは prog.o 一つであり, 結合すべきファイルはないように見える
が, 実は常に結合すべきオブジェクトファイルとしてライブラリファイル (library file) とい
うものがあり, ここではそれとの結合が行われる. たとえば printf 関数を使ったとき, これ
は皆さんが書いた関数ではない. この関数はどこから来るのかといえば, ライブラリファイ
ルに含まれている関数なのである. なおここでの場合も入力ファイルとしては prog.o 以外に,
prog.s, prog.i, prog.c も指定できる.

　以上コンパイルの各過程について述べたが, 自分の書いたプログラムが, その各段階でどの
ように処理されていくかを見ることは興味深いことである. ぜひ実験としてプリプロセッサの
出力や, アセンブラプログラムを見てみてほしい.

まとめ
- C言語のコンパイル過程は (1) プリプロセッサの実行, (2) コンパイラ本体の実行, (3) ア
  センブラの実行, (4) リンカの実行, という過程を経る. プリプロセッサはC言語をコン

パイラ本体が処理する前に，文字の編集を行う．またリンカは複数のプログラムを結合する役割を果たす．

- コンパイラ (gcc) にオプションを与えることにより，それぞれの過程で作成された結果をファイルに残すことができる．

14.2　プリプロセッサ命令

プリプロセッサはC言語のコンパイル過程の最初に実行される処理で，テキストに関する処理を行う．プリプロセッサに対する命令は，プログラムの中のシャープ (#) で始まる文で行う．これらに関する完全な説明はK&Rの4.11節 (107ページ) を参照願いたいが，ここではよく使われる#include と#define について説明する．

■#include 命令

#include 命令は，ソースファイルのその部分に指定する別のファイルの内容を読み込む命令である．書式は

```
#include "ファイル名"
```

で，挿入すべきファイルを指定する．なおファイル名の部分にはディレクトリも含めた指定であるパス (path) が書ける．

以下は#include 命令の原理的なことを説明する例で，プログラミングスタイルとしては不自然であるが，prog.c, body.c が下図左の内容であったとする．この状態でプリプロセッサを動作させると，prog.c の#include 命令の部分にファイル body.c の内容が取り込まれ，下図右の内容になる．

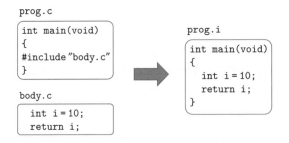

なお#include 命令のファイル名指定を，ダブルクォーテーションではなくカギ括弧 (<>) で

囲むと，予めコンピュータで決められた特定のディレクトリ (通常は /usr/include) からファイルを探すことになる．ソースファイルの最初によく記述する

```
#include <stdio.h>
```

という#include 命令は，ここに/usr/include/stdio.h の内容を読み込むための指示である．関数のプロトタイプ宣言などを書いたファイルを作成しておき，その関数を使用するプログラムの最初で#include の機能を使って，そのファイルを読み込むことがよく行われる．stdio.h はその例で，このファイルに printf 関数や fopen 関数などのプロトタイプ宣言が含まれている．これらの関数はプロトタイプ宣言を行わずに利用できたが，stdio.h で宣言されていたことがその理由である．なおこのような関数宣言などを含むファイルのことをヘッダーファイル (header file) と呼んでいる．ファイル名のエクステンション.h はそれを意味している．

■ #define 命令

次はプリプロセッサ命令の#define は

```
#define A B
```

のような構文で使用され，それ以降のソースファイルに出てくる A という文字列を B という文字列に置き換える．下図のようにファイル prog.c の中に

```
#define NUM 10
```

という記述があると，それ以降の NUM という文字はプリプロセッサによって 10 という文字に置き換えられる．

prog.c
```
#define NUM 10
int main(void)
{
  int i;
  i = NUM;
  return i;
}
```

prog.i
```
int main(void)
{
  int i;
  i = 10;
  return i;
}
```

　なお文字列の中の文字の置き換えは行われないことに注意してほしい．上記の#define命令
があったとしても

```
printf("x = NUM\n");
```

という文が

```
printf("x = 10\n");
```

になることはない．また単語の一部として出現した文字列も置き換えられない．たとえば

```
i = NUMBER;
```

が

```
i = 10BER;
```

になることはない．

　なおこれまでに使ってきた NULL や EOF などの定数，あるいはファイルポインタを宣言する
ための FILE という型は

```
#include <stdio.h>
```

という文によってインクルードされたファイル stdio.h の中で#define命令によって定義され
ている．プリプロセッサは#include命令によって取り込んだ内容に対してもさらに処理を行
うので，stdio.h の中に#define命令による処理が指示してあっても機能する．通常は NULL は
void *型の 0，EOF は int 型の -1 に設定されていることが多いが，これはコンピュータシステ
ムに依存することなので stdio.h の中で定義している．

まとめ

- プリプロセッサは，C言語のコンパイラがソースプログラムを処理する前のテキスト処理
  を行う．
- #include はプリプロセッサに対する命令で，指示されたファイルをソースファイルのその
  部分に読み込む．ファイルはダブルクォーテーション (") で囲んで指定するが，その代わ

り大小記号 (<>) で囲むとシステムで指定されたディレクトリからファイルを探す.

- #defineはプリプロセッサに文字列の置換を指示する命令である. しかし文字列の中や, 単語の一部となっている文字には作用しない.

14.3 分割コンパイル

一般に, 多少大きなプログラムならばmain関数とその他の複数の関数で構成されるのが普通である. これら全てを一つのソースファイルに記述するのではなく, 関数単位でいくつかのファイルに分けて記述し, それぞれを独立にコンパイルすることができる. これを**分割コンパイル**という.

分割コンパイルを行う主な理由はコンパイル作業の無駄を省くためである. 例としてmain関数とそれが呼ぶ関数funcから構成されるプログラムがあったとする. プログラムの開発過程では様々な修正が必須であるが, これら2つの関数が1つのソースファイル入っていた場合, たとえばmain関数の一部を修正しただけでも関数funcのソースコードも一緒にコンパイルをすることになる. 関数funcのソースコートは変更していないにもかかわらず毎回コンパイルすることは無駄である. そこでmain関数と関数funcを別ファイルとして分割コンパイルすることで, この無駄を省く訳である. もちろんここでの例のように関数が2つの場合には毎回関数funcをコンパイルしても大した問題にはならないが, 大規模なアプリケーション開発で, 関数の数が何百, 何千になったときに分割コンパイルの効果が現れる.

大規模なプログラム開発では, 分割コンパイルによってソースプログラムが複数のファイルに分割できるという点も重要である. 一般にある程度の規模のソフトウエアシステムは複数の人間で開発するのが普通であるが, 全ての人が一つのソースファイルを編集しなければならないとしたら, 収拾がつかなくなる. 各人は自分の分担する部分のソースコードだけファイルにまとめ, それだけを編集する. そして各人は担当するプログラムをオブジェクトファイルとして提供し, それらをリンクして全体の実行ファイルを作成することで, 不必要な干渉を避けたプログラム開発が可能になる.

図14.2を参照して, 分割コンパイルを行う方法を具体的に説明しよう. この図の上部に2つのソースプログラムファイル, prg1.cとprg2.cがある. ファイルprg1.cにはmain関数が定義されていて, その中から関数funcを呼び出す構造になっている. 関数funcはファイルprg2.cの中で記述されている. ここでmain関数の中で関数funcを利用するために, ファイルprg1.cの中にはfuncのプロトタイプ宣言がある.

この状態でプログラムのコンパイルを行うには, まずsrc1.cを次のように-cというオプ

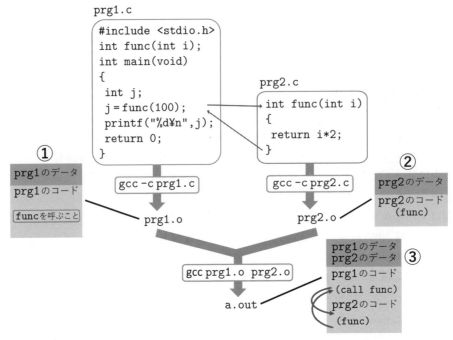

図14.2　分割コンパイルの過程

ションを付けてコンパイルする.

```
$gcc -c prg1.c
```

するとこれに対応したオブジェクトファイル prg1.o ができる. もちろん prg1.c には main 関数以外, プログラムを構成するのに必要な関数 func が入っていないので実行ファイルまでは作成できない. 作成できるのはオブジェクトファイルまでである.

　オブジェクトファイル prg1.o の内容を概略を示したのが図 14.2 の①の部分である. prg1.o には prg1.c 内に記述された定数などの情報 (① prg1 のデータ), そしてソースコードをコンパイルして得られた機械語のプログラム (① prg1 のコード) が入っている. そして関数 func を呼び出す部分には「関数 func を呼び出すコードを埋め込むこと」というリンカに対する指示が入っている.

　次に prg2.c の方も同様にコンパイルする.

```
$gcc -c prg2.c
```

これによってオブジェクトファイル prg2.o ができる．prg2.o の内容を②に示した．prg2.c に含まれている定数など (② prg2 のデータ)，そして関数 func がコンパイルされた機械語のプログラム (② prg2 のコード) が入っている．後でリンカが使うため，この機械語コードが func という名前の関数であるという情報も含んでいる．このようなオブジェクトファイルに含まれる，関数の名前のような情報はシンボル (symbol) に関する情報と呼んでいる．

　分割コンパイルの最後のステップは main 関数の入ったオブジェクトファイル prg1.o と，関数 func の入ったオブジェクトファイル prg2.o を結合 (リンク) して一つの実行ファイルを作成することである．これは次のようにする．

```
$gcc prg1.o prg2.o
```

コンパイラ gcc はファイルのエクステンションから両方ともオブジェクトファイルであることが分かるので，これら 2 つのファイルをリンカに渡す．図 14.2 の③に示すように，リンカは両者に含まれるデータとコードをまとめると同時に，prg1.o に含まれた「関数 func に関する指示」にしたがって関数 func のコードを探す．これは prg2.o に含まれていることが分かるので，関数 func の呼び出し部分には，prg2.o のコードを埋め込んだ位置の呼び出し命令を置く．このようにして実行ファイル a.out ができあがる．

　以上が分割コンパイルの概要である．このようにしておくと，もし main 関数のソースコードのみを修正した場合，prg2.c のコンパイルは不要なので，prg1.c のコンパイルと prg1.o と prg2.o のリンクだけを行えばよい．なおコンパイラ gcc はファイルのエクステンションを理解するので，この作業は

```
$gcc prg1.c prg2.o
```

という 1 つのコマンドで実行できる．最初のファイルはエクステンションが .c なのでソースコードでコンパイルを必要とするが，2 番目のファイルは .o なのでオブジェクトファイルで，コンパイルが済んでいることが分かるからである．

まとめ

- C 言語のプログラムは，関数単位で複数のソースファイルに分割することができ，それぞれ単独でコンパイルしてオブジェクトファイルまでは作成することができる．オブジェクトファイルを作成するには，コンパイラ (gcc) の -c オプションを使用する．
- 複数のオブジェクトファイルを結合して実行ファイルを作成するには，コンパイラに，実行ファイルを作成するのに必要なオブジェクトファイルを指定する．コンパイラはファイルのエクステンション (.o) によりオブジェクトファイルであることを認識する．

- 以上のようにプログラムを複数のソースファイルに分けてコンパイルすることを分割コンパイルと呼んでいる．これは大規模なプログラムのコンパイル過程を効率化することが目的である．

演習問題

問題 14.1

プリプロセッサで文字列 EOF および NULL がどのような文字列に変換されたかを見るにはどうすればよいか．

問題 14.2

以下のソースファイルをアセンブラプログラムに変換し，第 5 行と第 6 行の代入文がアセンブラプログラムのどこに対応しているか推測してみよ．

```
1:  #include <stdio.h>
2:  int main(void)
3:  {
4:    int i, j;
5:    i = 100;
6:    j = i + 200;
7:    return 0;
8:  }
```

第15章
オブジェクトとスコープ

オブジェクト (object) の英語の意味は「もの」といった意味であるが，ここでのオブジェクトとは変数と関数のことである．またスコープ (scope) は見える範囲のことである．すなわち，本章ではあるところで定義した変数や関数が，プログラムのどこから使えてどこから使えないかということを話題にする．

まず変数について2つの種類，局所変数と外部変数があることを説明する．さらにまた局所変数と外部変数とは異なった分類で，自動変数と静的変数の2種類があることを説明する．次に複数のソースファイルから構成されるプログラムの場合，ファイル間での利用可能状況 (スコープ) について述べた後，最後に関数に関してのスコープを話題にする．

なお，本章では図15.1に示したプログラムを例として内容を説明する．図15.1は2つのソースファイル src1.c と src2.c が示されている．ここでは説明に必要な変数と関数のみを示しており，...の部分に他のコードが省略されていると考えてほしい．

15.1　局所変数と外部変数

変数の第1の区別は局所変数と外部変数の区別で，これは変数がソースコードのどこから使えるかの違いによるものである．局所変数は関数の内部で宣言された変数で，それが宣言された関数の内部でしか使えない．しかし外部変数は変数の外で宣言された変数で．ソースファイル内のどこかでも使える変数である．

具体的に図15.1の src1.c では第9行の in_m は main 関数の中で，第15行の in_f2 と第16行の in_f3 は関数 func1 の中で宣言されているので，これらは局所変数である．なお in_f3 の宣言に現れる static の意味は15.2.2項で説明する．また関数の引数に使われる変数も局所変数という扱いを受ける．第13行で引数として宣言されている変数 in_f1 も関数 func1 の局所変

```
src1.c
 1: int        out1;
 2: static int out2;
 3:
 4: int func1(int);
 5: int func3(void);
 6:
 7: main()
 8: {
 9:   int in_m;
10:   ...
11: }
12:
13: int func1(int in_f1)
14: {
15:   int        in_f2;
16:   static int in_f3;
17:   ...
18: }
```

```
src2.c
 1: extern int out1;
 2:
 3: static int func2(void)
 4: {
 5:   ...
 6: }
 7:
 8: int func3(void)
 9: {
10:   ...
11: }
```

図15.1 オブジェクトの種類とスコープを示すプログラム例

数である.

　局所変数は，それが宣言された関数の内部でのみ利用できるので in_m は main 関数の中でのみ，変数 in_f1, in_f2, in_f3 は関数 func1 の中でのみ利用できる．たとえば変数 in_m に関数 func1 の中から値を代入しようとして，関数 func1 の中に

```
in_m = 10;
```

という文を書いても，コンパイル時に「in_mという変数は存在しない」というエラーでコンパイルが止まってしまう.

　これまで本書では使ってこなかったが，関数の外でも変数は宣言できる．ソースファイル src1.c の例 (図 15.1) は第 1 行の out1 と第 2 行の out2 が外部変数である．なお out2 の宣言に使われている static の意味は 15.3 節で説明する.

　外部変数のスコープ (プログラムコードのどこから使用できるかという範囲) は，その変数の宣言以降の全ての部分である．たとえば main 関数の中に

```
out1 = 10;
```

という記述があれば 10 が代入されるし，そののちに関数 func1 を呼び出したとして，関数

func1 の中に

```
printf("%d\n",out1);
```

という文があれば，そこで out1 のその時点での値 10 が画面に出力される．

　以上述べた変数の種類とスコープの範囲を下の図にまとめた．図の左側にスコープの範囲を示し，各変数にそれが局所変数の場合は「局」，外部変数の場合は「外」の印を付けた．

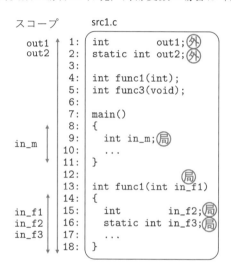

　なお外部変数と同じ名前の局所変数が宣言されていた場合，これはエラーにならず局所変数が優先される．たとえば第 8 行から第 11 行の main 関数の中で out1 という変数が宣言されていれば，main 関数の中ではその変数 out1 が有効である．その場合には第 2 行で宣言した外部変数の out1 は使用できないことになる．

まとめ

- 局所変数は関数の内部で宣言された変数で，その関数の中だけで使用できる．関数の引数も局所変数に含まれる．
- 外部変数は関数の外部で宣言された変数で，宣言された位置から後で定義されている関数からは，どこでも利用できる．
- 外部変数と同じ名前の局所変数が宣言されると，その関数の中では局所変数が優先される．

15.2 自動変数と静的変数

局所変数と外部変数の区別とは別に,変数にはもう1つ自動変数[1]と静的変数[2]の区別があ
る.この区別はスコープとは関係なく,その変数がいつ作られどのくらい保持されるかという
点に違いがある.自動変数はそれが必要になったとき作られ,必要がなくなった時点で破棄さ
れる.一方静的変数はプログラムの実行が始まる前に作成され,プログラムが終了されるまで
保持されるという性質をもつ.以下に説明図を示すので,これを参照してこれ以降の説明を読
んでほしい.下図で「自」が自動変数,「静」が静的変数である.また右側にはメモリの状態
が示されている.コード領域①は機械語のコードを格納する場所,データ領域②はデータのた
めの領域であるが,プログラムの実行中は常に変数のための領域が確保されている場所,共用
データ領域③はプログラム実行中に必要に応じて変数を作成したり廃棄したりして用いる領域
である.

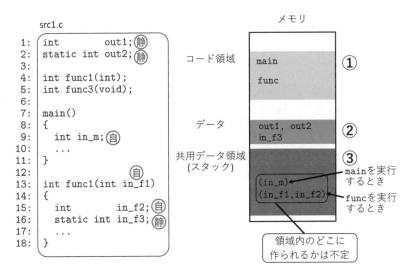

---

[1] 自動変数とは automatic variable の日本語訳である.必要になったときに自動的に作られるのでこの名前
がある.

[2] 静的変数とは static variable の日本語訳である.自動変数が必要に応じて動的に作られるのと対象的に,
静的変数はプログラム実行中は静的に存在し続けるので,この名前で呼ばれている.

15.2.1　自動変数

　自動変数は static というキーワードを付けずに関数の内部で宣言した変数 (すなわち局所変数) で，ファイル src1.c では第 9 行の in_m と第 15 行の in_f2 がこれに当たる．また関数の引数に使われた変数も自動変数になるので第 13 行の変数 in_f1 自動変数である．

　自動変数が必要に応じて作成・破棄される意味は以下の通りである．ここでは関数 func1 内の変数 in_f2 を例として考えてみる．なお src1.c の main 関数には関数 func1 を呼び出すコードが書かれていないが，...の部分にこのようなコードがあるとする．まずプログラムは main 関数から実行されるが，その時点では関数 func1 は実行されていないので，変数 in_f2 は作成されていない．作成されていないという意味をさらに具体的にいうと，メモリの中に in_f2 のためのスペースは取られていないということである．プログラムが進んでプログラムのどこかで関数 func1 を呼んだとする．この時点で初めて変数 in_f2 用のスペースがメモリの共用データ領域③に確保され，この変数が使えるようになる．なお in_f2 の例では初期化の指定がないが，もしそれがあればこの時点で初期化の値が代入される．さらに処理が進んで関数 func1 の処理が終了すると，この関数を呼び出した部分にプログラムの実行が戻るが，この時点で変数 in_f2 用に確保されていたメモリの部分は解放される．解放されるという意味は，他の用途に使用してもよいようにするということで，いずれにせよこの時点で in_f2 のためのメモリはなくなってしまう．これを変数が破棄されたと表現する．以上のような動作をするのが自動変数である．

　自動変数はこのような性質があるので，関数 func1 を 2 度呼ぶ状況を考えたとき，1 度目の呼び出しで作られる変数 in_f2 と，2 度目の呼び出しの in_f2 とは違うものである．1 度目の呼び出しで変数 in_f2 に何かの値を入れておき，2 度目の呼び出しでそれを利用するようなことはできない．これは自動変数である in_f1 や main 関数の in_m も同様で，それぞれの関数の実行が開始されるときそのための領域が確保され，実行が終了すると廃棄される．上の図の③にはその説明がある．もっとも main 関数が終了するとプログラムも終了するので，in_m については結果的にプログラムが実行中は存在することになるが，位置づけとしては自動変数である．

15.2.2　静的変数

　自動変数に対して，もう一つの変数の種類が静的変数である．静的変数はプログラムの実行が始まる前にメモリのデータ領域②の中にそのためのスペースが取られ，その時点で初期化が行われる．そしてプログラム実行を終えるまでそのメモリ領域は確保されたままである．すなわち静的変数はプログラムの実行中はずっと存在していることになる．

　外部変数は自動的に静的変数になる．ソースファイル src1.c の例では変数 out1 と out2 が

静的変数である．外部変数は色々な関数の中から使用される可能性があるので，プログラム実行中はずっと存在していなければならない．そのため必然的に静的変数になり，自動変数であるような外部変数は存在しない．一方局所変数に対しては，その宣言の最初にキーワードstaticをつけると静的変数になる．ソースファイルsrc1.cの例ではin_f3が静的変数である．関数func1が何回呼ばれても，この変数は常に同じものでありしたがって1回目の呼び出しで設定した値を次の呼び出しで利用するといったことができる．

　局所変数は自動変数にも静的変数にもなり得るが，注意すべきはそれらの初期化の動作である．動的変数の場合はそれが含まれる関数が呼ばれ，実行が始まったときに作られるのでその時点で初期化される．したがって関数が呼ばれるごとに初期化の値が代入されることになる．一方，静的変数の場合にプログラム全体が実行を開始するときに1度だけ初期化の値が代入され，それ以降それが含まれる関数が何回実行されても，初期化に関しては何もしない．もう一点静的変数の初期化で注意すべきことは，静的変数の場合は変数宣言に初期化の項がなくても自動的に0に初期化されることである．これはfloat型のような浮動小数点型の場合も正しい．しかしプログラムコードとしては0の初期化が必要な場合も明示的に書いておくことが望ましい．一方自動変数は明示的な初期化がなければ予めどのような値が入るかは決まっていない．

　以上で説明した静的変数の性質を利用して，呼ばれた回数を返す関数を作ることができる．その例が以下に示す関数how_manyである．

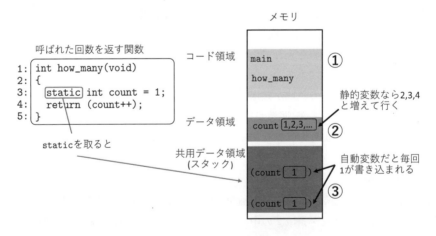

3行目で宣言されている変数countは，プログラム全体が開始されるときに1回だけ1に初期化されるが，それ以降は何もしない．関数how_manyが最初に呼び出されたときcountは1であるのでそれを戻り値として返し，次回のためにcount++で2にしておく．インクリメント演算

子 (++) は count の後ろに付けなければならない．加算する前の値を戻り値にしたいからである．この関数が 2 回目に呼ばれれば count の値 2 を返し，count の値は 3 になる．これ以降も同様な動作を行い，呼ばれた回数を返す．しかしながら変数 count の宣言から static を取ってしまうと自動変数になり，メモリの共用データ領域③に，関数が呼ばれるたびに作られることになり，そのたびに 1 に初期化される．すると関数 how_many は常に 1 を返す関数になってしまう．

まとめ

- 自動変数はそれを利用する関数が呼び出されるときに作成される変数である．一方静的変数はプログラム全体が実行される前にその変数のための領域がメモリ上に取られ，プログラムが終了するまでその領域が固定的に確保されている変数である．

- 外部変数は全て静的変数である，局所変数は通常の宣言をすれば自動変数になるが，キーワード static を最初につけて変数宣言をすると静的変数になる．

- 変数の初期化とは，変数を作成したときに値を入れておくことである．したがって自動変数と静的変数では初期化の効果が異なる．静的変数の初期化はプログラム全体の実行が開始されるときに 1 回だけ行われるのに対し，自動変数の初期化はそれを利用する関数が呼び出されるたびに行われる．

- 静的変数に関しては，その宣言に初期化の項がない場合には 0 に初期化される．これは整数型だけでなく，浮動小数点型の変数の場合でも同じである．自動変数の宣言に初期化の項がない場合には，その初期値は定まっていない．

15.3　ファイル間での変数と関数のスコープ

本節ではファイル間の変数と関数のスコープについて説明する．これまで変数のスコープについて説明してきたが，ファイル間で考えると変数にも関数にもスコープの問題がある．次ページの図を参照して以降の説明を読んでほしい．

15.3.1　ファイル間の変数

外部変数は複数の関数の中から利用できるが，それは別のファイルで定義された関数でも構わない．ファイル src1.c で宣言された外部変数 out1 は，ファイル src2.c で定義された関数 func2 や func3 の中からでも利用できる．しかしそうするためには，src2.c の第 1 行にあるように，このファイルの中で extern というキーワードをつけて out1 の宣言をしておかなければ

ならない．キーワード extern をつけると，そのファイルの中で変数を確保することはしない．これは別のファイルで宣言されたそのような変数があることをリンカに教える役目を果たす．下図では extern というキーワードが他のファイル src1.c で宣言された out1 を参照することを矢印で示している．またソースコードの両側にそれぞれから作られるオブジェクトファイルの内容が書かれている．src1.o には out1 の実体が含まれているが，src2.o は含まれていないのは上記の状況を示している．

　一方変数が宣言されたファイル内で定義された関数からのみ利用でき，他のファイルの関数からは利用できないような外部変数を宣言することもできる．これにはファイル src1.c の第2行のように static というキーワードを付けて外部変数を宣言する．このようにすると，たとえば src2.c の中に

```
extern int out2;
```

という文を書いたとしても，ファイル src1.c 内の変数 out2 は利用できない．これが図のオブジェクトファイル src1.o で out2 をカッコに入れてある理由である．変数の実体としてはこのファイルに情報はあるが，リンカにはこのファイル外から利用しないようとの指示がされている．

　以上のように外部変数に対して static というキーワードを付けると，他のファイル内の関

数からは利用できなくなる効果がある．先に説明したように局所変数にも static というキーワードを付けることができるが，この場合にはその局所変数を静的変数にするという効果であった．同じ static というキーワードでも作用が全く違うことに注意してほしい．英語の単語として static という語の意味は「静かな，動かない」という意味であるから，局所変数に対して使用した場合の作用が本来の英語の意味である．外部変数に対して使用したときの作用は本来の英語の意味とは異なっている．作用としてはたとえば hidden (隠された) などのキーワードの方が適切であると思われるが，C言語ではここでも static を使用することになっている．

15.3.2　関数のスコープ

　変数にスコープがあるのと同様に，関数にもスコープ (定義した関数が，プログラムどの部分から呼び出せ，どの部分から呼び出せないかということ) がある．変数のスコープとの対応で考えると，関数の中でさらに関数を定義することはできないので，局所変数に対応するスコープをもつ関数はない．したがってスコープという観点からは，関数は外部変数と同じ性質をもつ．

　まず関数が定義されているファイルの中では，他のどの関数からでも呼び出すことができる．ただし第7章で説明した通り，関数の定義がそれを使用する部分より後に来る場合には，その関数のプロトタイプ宣言を使用する前にしておく必要がある．ファイル src1.c では関数 func1 は main 関数の中から使えるが，その定義は main 関数の後 (第13行から) にあるので main 関数の前でプロトタイプ宣言 (第4行) をしておく必要がある．

　次に関数が定義されたファイルと別のファイルの中にある関数から，その関数が呼び出せるかという問題であるが，これも外部変数と同じで static というキーワードを付けずに関数が定義されていれば，別のファイルのプログラムから呼び出すことができる．ファイル src2.c の中の関数 func3 はキーワード static が付いていないので，別ファイル src1.c 内の関数から呼び出すことができる．ただ src1.c で関数 func3 を利用する前にそのプロトタイプ宣言 (第5行) は必要である．

　外部変数を別のファイルから利用する場合には，キーワード extern を使用した変数宣言を用いたが，関数の場合には，関数を使用するファイル内で単にそのプロトタイプ宣言を行えばよい．ただし関数のプロトタイプ宣言に extern というキーワードを使用しても問題はない．すなわち src1.c の第5行を

```
extern int func3(void);
```

としても構わない.

　一方別のファイルのプログラムから呼び出すことができない関数を定義するには外部変数と同様に static というキーワードを利用する. ファイル src2.c の中の関数 func2(第 3 行) は static が付いているので, src1.c の中の関数からは, たとえ src1.c で関数 func2 のプロトタイプ宣言をしたとしても利用することができない. 図のオブジェクトファイル src2.o で func2 をカッコに入れてあるのは, コードとしては格納されているが, 他のファイルから利用できないことを示している.

まとめ

- 外部変数は通常の宣言をすれば, リンカで結合される他のプログラムからも利用することができる. そのためには他のファイルに含まれる外部変数を利用するファイルの中で, キーワード extern を最初につけて同じ変数を宣言しておく. これが他のファイルの外部変数を利用することのリンカに対する指示になる.

- 他のファイルから使えない外部変数を宣言するには, キーワード static を最初に付けて外部変数を宣言する.

- 通常の関数定義をすれば, 他のソースファイルの中からも利用できる. 利用するためにはその関数のプロトタイプ宣言を行う.

- 他のファイルから使えない関数を定義するには, キーワード static を最初に付けて関数を定義する.

演習問題

　コンピュータで重要なデータの保存方法の一つに, スタック (stack) と呼ばれる構造がある. これは下図に示すように複数のセルが積み重なった記憶構造を用い, push(プッシュ) という操作で上から順番に情報を書いていき, pop(ポップ) という操作で一番下に書いた情報を読み出す. 下図では一番左が初期状態で, 2 回の push 操作で 10 と 20 というデータを書き込み, その後で 1 回 pop 操作をして一番最後に書き込まれた 20 というデータを読み出した状態を順次示している. pos と記されている矢印は, 次の push 操作でデータが書き込まれる位置を表している.

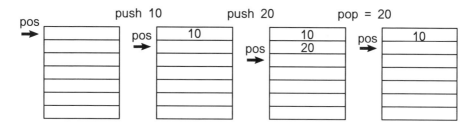

　なおスタック (stack) の本来の意味は「積み重なったもの」という意味である．たとえばお皿が積み重なった状態を考えてほしい．

お皿を置いていけば上に積み上がっていき，取り除く場合には上から順番に取り除く．スタックはこれに範を採ったデータ構造であり，お皿をデータとして考えて push はお皿を積み上げる操作，pop はお皿を取り除く動作に対応する．データのスタックではお皿とは積み上がる方向が逆であるが，動作は原理的に同じである．

　さてここではスタックを実現するライブラリ[3]) を作ることで，変数のスコープの必要性を示そう．ここで作るのはライブラリであるから main 関数を含まないソースファイルを作り，それをコンパイルしてオブジェクトファイルまで作る．そして必要に応じて main 関数をリンクすることで利用する．部分的に空欄になっているが，以下がそのソースファイル stack.c である．

stack.c

```
1:  #define MAXLEVEL 100
2:
3:    (1)   int s[MAXLEVEL];
4:    (2)   int pos = 0;
5:
```

---

[3]) 作っておくと共通に使えて便利なプログラムをライブラリという．

```
 6:  void push(int i)
 7:  {
 8:    if(pos < MAXLEVEL)
 9:      s[   (3)   ] = i;
10:  }
11:
12:  int pop(void)
13:  {
14:    if(pos > 0)
15:      return s[   (4)   ];
16:    return 0;
17:  }
```

このスタックに入れるデータは int 型とし，データを入れる int 型配列 s をを第3行で宣言している．なお最大のデータ数はプリプロセッサ命令で第1行で 100 に設定しており，変更の必要が生じたときにはこの部分のみを変更すればよいようにしている．また第4行の変数 pos はスタックの現在の位置を保持する変数で，次の push 操作でデータを書くべき位置，あるいは pop で読み込むデータの一つ先の位置を保持している変数である．

問題 15.1

配列 s と変数 pos は関数 push と pop が共通して使用し，連携して操作する変数である．したがって両方の関数から使えるように外部変数にしてあるが，このプログラムにリンクする他のプログラムからは操作してもらっては困る外部変数である．他のファイルからの書き換えを阻止するためには，上記のコードの (1) および (2) の部分には何を書けばよいか．

問題 15.2

プログラムの実行を始める段階で，スタックはデータの何も入っていない初期状態にしておかなければならない．そのため第4行で変数 pos を 0 に初期化しているが，実はこの初期項がなくてもプログラム自体は正常に動作する．その理由はなぜか．

問題 15.3

上記のプログラムの push 関数と pop 関数を正しく動作させるために (3) および (4) に入るべきコードを答えよ．なおスタックの大きさを超えて push した場合には push は何もしないで関数から戻るようにしてある．またデータの数を超えて pop した場合，pop 関数は 0 を返すようになっている．

問題 15.4

このスタックライブラリは，以下のソースファイルで示すような使われ方を想定している．
ここでは main 関数内での 10 個の数字を push し，その後 pop している．

stack-main.c

```
 1:  #include <stdio.h>
 2:  #include "stack.h"
 3:  int main(void)
 4:  {
 5:    for(int i = 0; i < 10; i++) {
 6:      printf("Input a number (%d/10) => ",i);
 7:      int n;
 8:      scanf("%d",&n);
 9:      push(n);
10:    }
11:    for(int i = 0; i < 10; i++) {
12:      printf("%d\n",pop());
13:    }
14:    return 0;
15:  }
```

このソースファイルの第 2 行で stack.h というファイルをインクルードすることでこのライ
ブラリを使えるようにしたいが，stack.h はどのような内容にすればよいか．

問題 15.5

スタックライブラリのソースファイルをコンパイルして，オブジェクトファイル stack.o を
得るには gcc にどのような引数を与えればよいか．また stack.o ができている状況で，main
関数のソースファイルである stack-main.c をコンパイルして実行ファイルを作成するには
gcc にどのような引数を与えればよいか．

問題 15.6

上記のスタックライブラリは，スタックのデータ範囲を超えて操作したことを知る手段がな
い．そこでそのような報告する関数 stack_error を作成せよ．この関数はそれが呼ばれたと
きまでのスタック操作でエラーが起こっていれば 1 を，起こっていなければ 0 を返す．

演習問題の解答

第2章

解答 2.1

CPU は演算を行うと共に，コンピュータ全体の制御を行う．レジスタとプログラムカウンタは数字を保持しておけるデバイスであるが，レジスタは数値演算の結果を入れておくために使われ，プログラムカウンタはメモリに格納されたプログラムの実行位置を保持するために使われる．

解答 2.2

メモリは数値を記録できるセルが多数積み重なった構造をしており，アドレスというセルの位置を示す数字が振られている．メモリはデータとプログラムを格納するために使われる．

解答 2.3

ハードディスクには磁性体が塗られた円盤があり，それを回転させて，その上にデータを記録する．一般にメモリより多くのデータ容量があり，コンピュータの電源を切っても情報が消えることがないが，データの読み書きが遅いのでメモリの代用にはならない．

解答 2.4

バスは CPU とメモリやハードディスク，あるいは周辺機器をつなぐ情報の通り道で，コンピュータを構成する各機器はバスを通して情報をやり取りする．

解答 2.5

CPU の基本的な動作は (1) 命令のフェッチとデコード，(2) 命令の実行，(3) プログラムカウンタの増加の3つである．(1) は命令をメモリから読み出し，どのような動作をすべきかを解析するステップである．(2) はその解析に基づいて実際に動作を行うステップで，それが終わると (3) でプログラムカウンタを1だけ増やし，次の命令をメモリから読む準備を行う．

解答 2.6

CPU が直接実行できる言語は機械語と呼ばれる．また機械語の各命令に付けられた名前はニーモニックという．

解答 2.7

命令がメモリに格納できるのは，各命令に番号を付けることを行い，その番号を格納するからである．

第3章

解答 3.1

ソースファイル内で printf 関数を書いた順に引数の文字列が出力される．たとえばプログラム 3.1 の第4行の部分を

```
printf("hello, ");
printf("world\n");
```

のように2つのprintf関数としても，画面に出力される内容は同じである．

解答 3.2

printf関数の引数の文字列に\nを複数入れると，入れた数だけ改行される．たとえば

```
printf("\n\n\n\n\n");
```

とすると5回改行される．

解答 3.3

以下の通り．

```
printf("\"\\%%\n");
```

解答 3.4

端末で

```
$gcc -o prog prog.c
```

または

```
$gcc  prog.c -o prog
```

とタイプすればよい．

第4章

解答 4.1

解答の一例は以下である．第7, 9, 11行でそれぞれ二次方程式の係数a, b, cを入力し，第13行で判別式の値を計算している．そして方程式の2つの解を第14行と15行で計算し，その値を第16行で出力している．もし判別式の値detが負の場合は第14, 15行のsqrt関数の実行でエラーが起きる．5.1節で学ぶif文を使えばdetの値を検査することによりこのエラーは回避できる．

```
1:   #include <stdio.h>
2:   #include <math.h>
3:   int main(void)
4:   {
```

```
 5:     float a, b, c;
 6:     printf("a => ");
 7:     scanf("%f",&a);
 8:     printf("b => ");
 9:     scanf("%f",&b);
10:     printf("c => ");
11:     scanf("%f",&c);
12:     float det, x1, x2;
13:     det = b*b - 4.0*a*c;
14:     x1 = (-b + sqrt(det))/(2.0*a);
15:     x2 = (-b - sqrt(det))/(2.0*a);
16:     printf("x1 = %f\nx2 = %f\n",x1,x2);
17:     return 0;
18: }
```

解答 4.2

解答の一例は以下である．第7行で角度を変数 t に入力し，第8行でラジアン単位に変換している．
そして第9行で printf 関数によってそれぞれの三角関数の値を出力している．

```
 1: #include <stdio.h>
 2: #include <math.h>
 3: int main(void)
 4: {
 5:   float t;
 6:   printf("angle (degree unit) => ");
 7:   scanf("%f",&t);
 8:   t = 3.14159*t/180.0;
 9:   printf("sin = %f\ncos = %f\ntan = %f\n",sin(t),cos(t),tan(t));
10:   return 0;
11: }
```

上記のプログラムを角度 $0°$ や $90°$ で実行してみると，計算結果には誤差があることが分かる．浮動
小数点数の精度は有限なので，このような結果になる．

解答 **4.3**

解答の一例は以下である．float 型から int 型への変換を利用した四捨五入は，float 型の値に 0.5 を足してから変換することにより，小数点以下を切り捨てるこで実現できる．ここでは小数点以下 2 位で四捨五入するために以下のようにしている．第 8 行で入力された値を 10 倍してから 0.5 を足し，それを整数型の変数に代入することにより，10 倍された値の 1 の位で四捨五入を実行する．その後第 9 行でその値を 1/10 にして目的の値を得ている．

```
1:   #include <stdio.h>
2:   int main(void)
3:   {
4:     float x;
5:     printf("input a number => ");
6:     scanf("%f",&x);
7:     int i;
8:     i = 10.0*x + 0.5;
9:     x = i/10.0;
10:    printf("x = %f\n",x);
11:    return 0;
12:  }
```

第 5 章

解答 **5.1**

プログラムの一例は以下である．5.1.5 項で説明した if 文の (パターン 2) を使用している．

```
1:   #include <stdio.h>
2:   int main(void)
3:   {
4:     float x;
5:     printf("input a number => ");
6:     scanf("%f",&x);
7:     if(x < 0.0) {
8:       printf("negative\n"); }
```

```
 9:  |   else if(x < 10.0) {
10:  |     printf("small\n"); }
11:  |   else if(x < 100.0) {
12:  |     printf("medium\n"); }
13:  |   else if(x < 1000.0) {
14:  |     printf("big\n"); }
15:  |   else {
16:  |     printf("huge\n"); }
17:  |   return 0;
18:  | }
```

解答 5.2

条件式は以下のとおりである.

```
(a) -10.0 < x && x <= 20.0|
(b) x <= -10.0 || 20.0 <= x
(c) -10.0 <= x && x < 10.0 || 20.0 <= x
```

なお上記の条件式の中で使われている定数は整数型でも構わない. たとえば (a) は

```
(a) -10 < x && x <= 20
```

でもよい. また比較演算子と比較される式を反対にしてもよい. たとえば (a) は

```
(a) x > -10.0 && 20.0 >= x
```

でもよい. さらに式の評価順序を明確にするためにカッコを用いてもよい. たとえば (c) の場合

```
(c) (-10.0 <= x && x < 10.0) || 20.0 <= x
```

とすると,条件式がどの順番で評価されるかが明瞭である. ただしこの場合は論理積の演算子 && は論理和の演算子 || より優先度が高いのでカッコはなくてもよい. なお演算子の優先順位の詳細は11.6節で説明する. また (b) を,否定演算子 ! を用いて

```
(b) !(-10.0 < x && x < 20.0)
```

のように表現することもできる.

解答 5.3

while 文の場合は以下である.

```
1:  i = 0;
2:  while(i <=100) {
3:    printf("%d\n",i);
4:    i = i + 10;
5:  }
```

無限ループの場合は以下である.

```
1:  i = 0;
2:  while(1) {
3:    if(!(i <= 100)) break;
4:    printf("%d\n",i);
5:    i = i + 10;
6:  }
```

第3行の if 文の条件式は i > 100 でもよい.

第6章

解答 6.1

配列の宣言は

```
float xary[100];
```

である. この配列の最小の要素番号は 0, 最大の要素番号は 99 である.

解答 6.2

2文に分けて宣言するならば

```
int iary1[10];
int iary2[20];
```

であるが, 1つの文で行うならば

```
int iary1[10], iary2[20];
```

となる.

解答 **6.3**

プログラムの一例は以下である. while 文で NULL 文字になるまで配列要素をループする. 配列の番号は, 第9行に含まれる i++ によって増加させている.

```
 1:  #include <stdio.h>
 2:  int main(void)
 3:  {
 4:    char cary[100];
 5:    scanf("%s",cary);
 6:    int i;
 7:    i = 0;
 8:    while(cary[i] != '\0')
 9:      printf("%c\n",cary[i++]);
10:    return 0;
11:  }
```

解答 **6.4**

プログラムの一例は以下である. 文字の数を数えるなら NULL 文字に出会うまでの文字をカウントすればよい. 第8行でそれを行っている.

```
 1:  #include <stdio.h>
 2:  int main(void)
 3:  {
 4:    char cary[100];
 5:    scanf("%s",cary);
 6:    int i;
 7:    i = 0;
 8:    while(cary[i] != '\0') i++;
 9:    printf("%d\n",i);
10:    return 0;
```

```
11:     }
```

解答 6.5

プログラムの一例は以下である．文字の出現頻度を保持する行列 hist を第6行で定義して，第7行で全て0に初期化している．第8行が入力した文字列に関するループで，第9行で文字列が終わればループを終了している．第10行では文字が0から9までの数字でなければ頻度には関係ないので，次のループを開始する．文字が数字ならば第11行で対応する数字の頻度を1だけ増やしている．

```
 1:  #include <stdio.h>
 2:  int main(void)
 3:  {
 4:    char cary[100];
 5:    scanf("%s",cary);
 6:    int hist[10];
 7:    for(int i = 0; i < 10; i++) hist[i] = 0;
 8:    for(int i = 0; i < 100; i++) {
 9:      if(cary[i] == '\0') break;
10:      if(cary[i] < '0' || cary[i] > '9') continue;
11:      hist[cary[i]-'0']++;
12:  }
13:  for(int k = 0; k < 10; k++)
14:    printf("%2d: %3d\n",k,hist[k]);
15:  return 0;
16:  }
```

解答 6.6

プログラムの一例は以下である．問題6.4で使用した文字数のカウントを第8行で行って，その半分まで文字列の前と後の文字を変換することを第9行から始まる for ループで行っている．

```
 1:  #include <stdio.h>
 2:  int main(void)
 3:  {
 4:    char cary[100];
```

```
 5:     scanf("%s",cary);
 6:     int cnum;
 7:     cnum = 0;
 8:     while(cary[cnum] != '\0') cnum++;
 9:     for(int i = 0; i < cnum/2; i++) {
10:       char c;
11:       c = cary[i];
12:       cary[i] = cary[cnum-i-1];
13:       cary[cnum-i-1] = c;
14:     }
15:     printf("%s\n",cary);
16:     return 0;
17: }
```

第7章

解答 7.1
最初の void は関数 func が戻り値をもたない関数であることを示し，2番目の void は引数をもたない関数であることを示している．

解答 7.2
プログラムの一例は以下である．階乗は n が増えるに従って急速に大きくなるので，すぐに int 型で表現できる値の範囲を超えてしまう．以下の関数が正しく動作するのは $n = 12$ までである．

```
int factorial(int n)
{
  if(n > 1)
    return n*factorial(n-1);
  return 1; // when n equals 1.
}
```

なお再帰関数を用いて計算するのに適した問題としてハノイの塔のパズルであるとか，ファナボッチ数の計算などがある．ぜひインターネットなどで調べてみてほしい．

第8章

解答 8.1

ファイルの終わりで fgetc 関数と fscanf 関数は EOF, fgets 関数は NULL を戻り値として返すので, それによって知ることができる. またこれらの読み込み関数の直後に feof 関数を呼んでもよい. feof 関数の説明は K&R の 312 ページにある. この関数は読み込み状況がファイルの終わりになっていると 0 以外の値を返す.

解答 8.2

プログラム 8.2(106 ページ) の第 22 行と第 23 行の間に

```
if(c >= 'a' && c <= 'z') c = c + ('A' - 'a');
```

という行を入れる. 文字の変換についてはプログラム 6.5(79 ページ) を参照のこと.

解答 8.3

プログラムの一例は以下である. ファイルは読み書きとして使用し, オープン時にファイルが存在していないとエラーにしたいので, 第 9 行の fopen 関数のモードは r+ にしている. 第 14 行から始まる for ループので, ファイルから 1 文字読み込んでは小文字のアルファベットかをチェックし, そうでなければ第 18 行の continue 文で何もしないで次の文字に移る. もし小文字のアルファベットなら第 19 行の fseek 関数で書き込む位置を 1 文字戻してから, 大文字にしたアルファベットを小文字の位置に上書きする.

```
 1:  #include <stdio.h>
 2:  int main(int argc, char *argv[])
 3:  {
 4:    FILE *fp;
 5:    if(argc != 2) {
 6:      printf("usage: %s file\n",argv[0]);
 7:      return 1;
 8:    }
 9:    fp = fopen(argv[1],"r+");
10:    if(fp == NULL) {
11:      printf("file \"%s\" not found.\n",argv[1]);
12:      return 1;
13:    }
14:    for(;;) {
```

```
15:       int   c;
16:       c = fgetc(fp);
17:       if(c == EOF) break;
18:       if(c < 'a' || c > 'z') continue;
19:       fseek(fp,-1,SEEK_CUR);
20:       fputc(c + ('A' - 'a'),fp);
21:     }
22:     fclose(fp);
23:     return 0;
24:   }
```

解答 8.4

プログラム 8.2 の第 19 行から第 24 行を以下のコードに変える．入力ファイルをファイルポインタ fp1 で，出力ファイルを fp2 でオープンするところはプログラム 8.2 と同一である．以下のコードで変数 line で行番号を数えている．第 5 行の fgets 関数で 1 行読み込んでは第 6 行目の fprintf 関数で行番号を付加して出力ファイルに書き込んでいる．なお fprintf 関数の変換文字の前にある数字は，出力に使用する文字数の指定である．%3d とすると数字の出力に 3 文字分使用し，3 桁に満たない整数については頭にスペースを詰めて 3 桁にする．詳細は K&R の B1.2 節 (305 ページ)「書式付き出力」を参照されたい．

```
1:   int line;
2:   line = 1;
3:   for(;;) {
4:     char cary[100];
5:     if(fgets(cary,100,fp1) == NULL) break;
6:     fprintf(fp2,"%3d: %s",line++,cary);
7:   }
```

解答 8.5

プログラム 8.2 の第 19 行から第 24 行を，以下のコードに変える．以下のコードの第 7 行で最初の整数を読み込み，第 7 行で演算記号，第 8 行でもう 1 つの整数を読み込む．演算記号に応じた出力を第 9 行から始まる if 文で行っている．

```
 1:   int line;
 2:   line = 1;
 3:   for(;;) {
 4:     int   x, y;
 5:     char ope[10];
 6:     if(fscanf(fp1,"%d",&x) == EOF) break;
 7:     fscanf(fp1,"%s",ope);
 8:     fscanf(fp1,"%d",&y);
 9:     if(ope[0] == '+') {
10:       fprintf(fp2,"%3d + %3d = %4d\n",x,y,x+y);
11:     }
12:     else if(ope[0] == '-') {
13:       fprintf(fp2,"%3d - %3d = %4d\n",x,y,x-y);
14:     }
15:     else if(ope[0] == '*') {
16:       fprintf(fp2,"%3d * %3d = %4d\n",x,y,x*y);
17:     }
18:     else if(ope[0] == '/') {
19:       fprintf(fp2,"%3d / %3d = %4d",x,y,x/y);
20:       if(x%y != 0) fprintf(fp2," ... %2d",x%y);
21:       fputc('\n',fp2);
22:     }
23:   }
```

なおこのプログラムは入力ファイルが指定したフォーマットでないと様々なエラーを起こす．もし期待されたフォーマットでない場合，エラーを検知して適切に対応する処理を付け加えると，ファイル操作技術の勉強になるだろう．

解答 8.6

main 関数の引数である argv[0] が hello という文字列になっているかどうかを判定すればよい．まず比較対象となる文字列を保持する配列 hlo を第4行で宣言し，第5行から第10行でデータを代入している．これは文字列の形式であるので，文字列の終わりを示す NULL 文字を付加している．次に第12行から始まる for ループで argv[0] の各文字を判定している．第15行の if 文で，i == 6 ならば argv[0] が文字列"hello"であったことを示している．その場合には hello を表示し，それ以外

ならばgoodbyeを表示する.

```
 1:  #include <stdio.h>
 2:  int main(int argc, char *argv[])
 3:  {
 4:    char hlo[6];
 5:    hlo[0] = 'h';
 6:    hlo[1] = 'e';
 7:    hlo[2] = 'l';
 8:    hlo[3] = 'l';
 9:    hlo[4] = 'o';
10:    hlo[5] = '\0';
11:    int i;
12:    for(i = 0; i < 6; i++) {
13:      if(argv[0][i] != hlo[i]) break;
14:    }
15:    if(i == 6) {
16:      printf("hello\n"); }
17:    else {
18:      printf("goodbye\n"); }
19:    return 0;
20:  }
```

なお13.4節で説明する初期化を使うと，第4行から第10行で行う比較対象文字列の用意は

```
char hlo[6] = "hello";
```

という1行で行うことができる．さらにC言語の備え付けの文字列比較関数strcmpを使うと，第12行からのforループで行っている文字列の比較は，第4行から始まる比較対象文字列の用意も含めて，第15行を

```
if(strcmp(argv[0],"hello") == 0) {
```

とすることで行える．strcmp関数はK&Rの129ページに説明があるが，引数として2つの文字列を取り，それらが同じであると0を返す．以上の変更を行ったプログラムが以下である．なおstrcmp

関数を使用する場合には第2行の

```
#include <string.h>
```

を付け加える必要があるので，注意してほしい．

```
 1:  #include <stdio.h>
 2:  #include <string.h>
 3:  int main(int argc, char *argv[])
 4:  {
 5:    if(strcmp(argv[0],"hello") == 0) {
 6:      printf("hello\n"); }
 7:    else {
 8:      printf("goodbye\n"); }
 9:    return 0;
10:  }
```

第9章

解答 9.1

解答の一例は以下である．変数 value に 10 進数に変換した結果が入る．第6行目から始まる for
ループで，getchar 関数によりキーボードから文字を1文字読み込んでは，それが1の場合には1の
桁に1を足し，0のときは足さない．ただし文字0の判定はしていないので1以外の文字があった場
合には全て0と扱うことになる．ここで value を2倍してから足しているのは，value の桁を1桁左
にずらすためである．これを Enter キーが押されて改行コードが入力されるまで続ける．入力が修
了したら，第15行で value に入っている変換結果を表示する．第8行で用いた getchar 関数は K&R
の 185 ページに記述がある．

```
 1:  #include <stdio.h>
 2:  int main(void)
 3:  {
 4:    int value;
 5:    value = 0;
 6:    for(;;) {
 7:      int c;
```

```
 8:       c = getchar();
 9:       if(c == '\n') break;
10:       if(c == '1')
11:          value = 2*value + 1;
12:       else
13:          value = 2*value;
14:     }
15:     printf("%d\n",value);
16:     return 0;
17:  }
```

なお，余裕があれば上のプログラムを他の基数の数を10進数に変換するプログラムに改造してほしい．3進以上の場合は，第10行で行っている入力文字の種類の判定が増えることと，および第11行と第13行でvalueに乗じている定数を対応する基数変更することが必要になる．

解答9.2

解答の一例は以下である．変数valueに変換すべき10進数が入る．また配列binは2進数の各桁の値を入れておく配列である．要素数は100としたので100桁以上の2進数にはならないと仮定した．変数digは現在処理している桁の番号を保持している．第8行から始まるwhile文のループで，10進数を保持しているvalueを2で割って余りを求めることをvalueが0になるまで繰り返す．余りは配列binに入れていく．変換された2進数の各桁は配列binに入っているが，桁の順番が要素番号と逆であるので第12行から始まるfor文で要素番号の大きい方から出力している．なお第13行のprintf関数の変換文字%1dの1は，出力のための桁数を1桁しか取らないようにする指示である．

```
 1:  #include <stdio.h>
 2:  int main(void)
 3:  {
 4:    int bin[100];
 5:    int value, dig;
 6:    scanf("%d",&value);
 7:    dig = 0;
 8:    while(value != 0) {
 9:      bin[dig++] = value % 2;
10:      value = value / 2;
```

```
11:      }
12:      for(int i = dig - 1; i >= 0; i--)
13:        printf("%1d",bin[i]);
14:      printf("\n");
15:      return 0;
16:    }
```

前の問題と同様，このプログラムを基数が 2 以外の表現を計算するように変えてみてほしい．基本的には第 9 行と第 10 行の定数 2 を目的の基数に変えるだけである．

解答 9.3

以下のプログラムが一つの解答である．配列 tbl が各桁を 9 の補数に変換するときの変換表で，第 5 行からの for ループで内容を作っている．変数 x が引かれる数，y が引く数，cy が y の 10 の補数を格納する変数である．まず第 8 行，第 9 行で引かれる数および引く数をキーボードから読み込む．第 11 行からの for ループが 10 進数の各桁を 9 の補数に置き換える作業をしている．変数 dig は変換する桁を保持しているが，ここで考えているのは 5 桁の計算機であるので，桁を 1 から 10000 までを 10 倍単位で処理している．第 12 行の y%10 で y の最小桁を取り出し，tbl による変換表で 9 の補数に変換し，dig を乗じて現在の桁の位置にし，補数を保持する変数 cy に加えている．第 13 行では y を 10 で割ることによって，次の桁を 1 の桁にもってきている．これによって 6 桁全部の変換が終わると第 15 行で 1 を足して cy を 100000 の補数にしている．第 16 行が引かれる数 x と引く数の補数 cy の加算である．結果の 100000 に対する剰余を採ることによって 6 桁の計算機のオーバーフローを実現している．

```
1:    #include <stdio.h>
2:    int main(void)
3:    {
4:      int tbl[10];
5:      for(int i = 0; i < 10; i++)
6:        tbl[i] = 9 - i;
7:      int x, y, cy, res;
8:      scanf("%d",&x);
9:      scanf("%d",&y);
10:     cy = 0;
11:     for(int dig = 1; dig <= 10000; dig = dig*10) {
12:       cy = cy + dig*tbl[y%10];
```

```
13:        y = y/10;
14:      }
15:      cy++;
16:      res = (x + cy)%100000;
17:      printf("%d\n",res);
18:      return 0;
19:  }
```

解答9.4

(a)

定数-6はint型で，その2の補数表現は上位3バイトは全て1で下位1バイトは 11111010 である．scにはこのビットパターンが代入されるので 11111010 である．

(b)

定数-3はint型で，その2の補数表現は上位3バイトは全て1で下位1バイトは 11111101 である．int型変数iにはそのまま代入され，iが変数ucに代入されるときに下位1バイトになる．したがって 11111101 がscのビットパターンである．

(c)

問題(b)と同様なので，ucのビットパターンは 11111101 である．

(d)

変数scへの代入までは問題(b)と同様である．3番目の文での変数iへの代入においてscが符号付きであるので符号拡張が起こりiの上位3バイトは全て1になる．これは4バイトの2の補数表現として-3である．

(e)

変数ucへの代入までは問題(d)と同様であるが，ucは符号なしなので3番目の文での変数iへの代入において符号拡張が起こらず，上位3バイトは0である．ビットパターン 11111101 の2進数としての値は253である．

(f)

変数xの値は32.6であるが，xからiへの代入で小数点以下の数の切り捨てが起こり，iの値は32である．

(g)

整数どうしの除算は小数点以下の切り捨てなので，11/2は5である．これが浮動小数点型に変換されxに代入されるので，その値も5.0である．

(h)

2は整数の定数であり，int型にキャストしても変化がない．したがって結果は問題(g)と同じで5.0である．

(i)

2.0は浮動小数点型の定数で11/2.0は浮動小数点数の演算となる．したがって値は5.5になり，こ

れがxに代入されるので5.5である.

第10章

解答 10.1

以下の通り，void型のポインタ変数vpにxのアドレスを代入した後，float型のポインタ変数に
キャストして，その指す先に3.14を代入する.

```
1:  float x;
2:  void *vp;
3:  vp = &x;
4:  *(float *)vp = 3.14;
```

解答 10.2

以下のコードは解答の一つである.forループ変数iに0から8までの偶数を生成して，アドレス演
算でiaryの要素に0を代入している.

```
1:  int iary[10];
2:  for(int i = 0; i < 10; i = i + 2)
3:    *(iary + i) = 0;
```

解答 10.3

解答の一例は以下である.関数の名前はevenzeroとした.第1引数の「int iary[]」という表記は
「int *iary」でも構わない.また第4行の「iary[i] = 0;」は「*(iary + i) = 0;」でもよい.

```
1:  void evenzero(int iary[], int size)
2:  {
3:    for(int i = 0; i < size; i = i + 2)
4:      iary[i] = 0;
5:  }
```

解答 10.4

プログラム7.2(89ページ)のmain関数を以下のように変更する.第4行でfloat型のポインタ変数
をxを宣言し，第7行で必要なメモリを確保してその先頭アドレスをxに代入している.データとな
る数値は第10行で読み込んでいるが，scanf関数には値を読み込むべき変数のアドレスを与えれば
よいので，引数はx+iになっている.計算が終わったら第13行で確保したメモリを開放している.

確保したメモリは，使用後は必ず開放することが重要である．

```
 1:  int main(void)
 2:  {
 3:    int i, n;
 4:    float *x;
 5:    printf("Input data number => ");
 6:    scanf("%d",&n);
 7:    x = (float *)malloc(n*sizeof(float));
 8:    for(i = 0; i < n; i++) {
 9:      printf("Input a number (%d/%d) => ",i+1,n);
10:      scanf("%f",x+i);
11:    }
12:    printf("Average is %f\n",average(x,n));
13:    free(x);
14:    return 0;
15:  }
```

解答 10.5

(a)
誤り．faは配列名で定数であり，定数に値を代入することはできない．

(b)
正しい．float型の変数にfloat型ポインタの指す先のfloat型データは代入できる．

(c)
正しい．float型配列の最初の要素にint型のデータは代入できる．

(d)
正しい．void型のポインタにfloat型のポインタは代入できる．

(e)
誤り．faは配列名で定数であり，定数に値を代入することはできない．

(f)
誤り．vpはvoid型のポインタであり，キャストなしにその内容を参照することはできない．

(g)
誤り．iaは配列名で定数であり，定数に値を代入することはできない．

(h)
正しい．float型の変数にint型ポインタの指す先のint型の値は代入できる．

(i)

誤り．fa は配列名で定数であり，そのアドレスを取り出すことはできないし，代入することもできない．

(j)

正しい．float 型のポインタに void 型のポインタの値は代入できる．

(k)

正しい．*(ia+1) は ia[1] と等価で，int 型の配列 ia の 2 番目の要素である．これに float 型の変数の値は代入できる．

(l)

誤り．void 型のポインタはキャストなしにその内容を参照することはできない．

(m)

正しい．int 型の配列の先頭アドレスに 1 を足した結果を int 型のポインタ変数に代入することはできる．

(n)

誤り．ia は配列の先頭アドレスであり，ia+1 も int 型のアドレスである．これを ip の指す先の int 型の変数に代入することはできない．

(o)

正しい．void 型のポインタは int 型のポインタにキャストされており，そのアドレスのだけ後のアドレスの int 型のデータを参照している．それを float 型の変数に代入することはできる．

(p)

誤り．void 型のポインタを void の型ポインタにキャストしても，その指す先のデータを参照することはできない．

(q)

誤り．void 型のポインタを void の型にキャストしているが，そもそも void 型は値を利用できる型ではない．

(r)

正しい．void 型のポインタを float 型のポインタにキャストして利用している．vp の指す先の 2 つ先の float 型のデータを，同じく float 型の変数 f に代入している．

(s)

誤り．void 型のポインタを float 型にキャストすることに意味がなく，さらに float 型の値をアドレスとして利用することはできない．

(t)

正しい．void 型のポインタ変数は int のポインタ型にキャストされており，その指す先の int 型のデータに 2 を加えて，float 型の変数 f に代入している．

第 11 章

解答 11.1

　(a)　1

比較演算子 (==) の両辺は等しく，命題は真であるので整数値としては 1 になる．

　(b)　0

比較演算子 (!=) の両辺は等しくないという命題は誤り．論理値は偽であるので整数値としては 0 になる．

　(c)　0

整数値 4 は 8 より大きいか等しいは誤り．したがって論理式の値は偽で整数値としては 0 になる．

　(d)　1

整数値 4 と 8 は論理値としてはどちらも真．論理和 (&&) は両辺が真であるのでその結果も真．すなわち整数値としては 1 になる．

　(e)　0

int 型のビットパターンで下 4 桁を見ると 4 は 0100 で 8 は 1000 である．なお上位ビットは全て 0 である．このビットごとの論理積 (and) を取ると全て 0 になってしまうので，全体の値としても 0 になる．

　(f)　12

問題 (e) と同様に考えて，0100 と 1000 のビットごとの論理和 (or) の結果は 1100 になる．2 進数としての値は 12 になる．

　(g)　8

int 型の下 4 ビットだけ示すと，定数 4 のビットパターンは 0100 である．これを左に 1 ビットだけシフトすると 1000 であるが，これとビットパターンが 1000 の定数 8 と論理積を取っても変化しない．したがって式の値は 8 になる．

　(h)　0

整数値 3 は真偽値としては真．これを否定するので偽になり，整数値としては 0 になる．

解答 11.2

　(a)　10

演算子 ++ が i の後にあるので，式の値としては i に 1 を加算する前の値であるので 10 になる．

　(b)　11

問題 (a) とは逆に演算子 ++ が i の前にあるので，式の値としては i に 1 を加算した後の値，11 になる．

　(c)　30

代入演算子の値はそれが代入した値である．変数 i には 30 が代入されるので，式の値としても 30 である．

　(d)　100

問題 (c) と同様に，変数 i に代入される値が式の値であるから 100 になる．

　(e)　0

変数 i の値は 10 であるから，論理式 i >= 30 は偽であり整数値は 0 である．したがって式は 0*5 に

なるので値は 0 である.

(f)　1

変数 i の値は 10 であるから, 論理式 i == 10 は真であり整数値は 1 である. この値が変数 i に代入されるので, 式全体の値としても 1 になる.

(g)　0

問題 (f) と同様に考えて, 論理式 i != 10 は偽であり整数値は 0 である. これが変数 i に代入されるので, 式全体の値としても 0 である.

(h)　21

演算子 ++ が i の前にあるので, ++i 値としては 10 に 1 を加えた 11 になる. その値に 10 を加えた値が i に代入されるので, 式全体の値は 21 である.

第 12 章

解答 12.1

以下の通り.

```
typedef struct {float x, y, z;} vec3;
```

なお 3 つのメンバの宣言を独立に行って

```
typedef struct {float x; float y; float z;} vec3;
```

でもよい.

解答 12.2

プログラムの一例を以下に示す. いずれのプログラムも引数のベクトルのメンバどうしの加算あるいは減算を行い, rec という vec3 型の変数に代入している. その結果である rec を戻り値としている.

```
1:  vec3 add(vec3 v1, vec3 v2)
2:  {
3:    vec3 res;
4:    res.x = v1.x + v2.x;
5:    res.y = v1.y + v2.y;
6:    res.z = v1.z + v2.z;
7:    return res;
8:  }
```

```
1:  vec3 sub(vec3 v1, vec3 v2)
2:  {
3:    vec3 res;
4:    res.x = v1.x - v2.x;
5:    res.y = v1.y - v2.y;
6:    res.z = v1.z - v2.z;
7:    return res;
8:  }
```

解答 12.3

プログラムの一例を以下に示す．いずれのプログラムも問題の記述で示した公式通りの演算を行っている．

```
1:  float inner(vec3 v1, vec3 v2)
2:  {
3:    return v1.x*v2.x + v1.y*v2.y + v1.z*v2.z;
4:  }
```

```
1:  vec3 cross(vec3 v1, vec3 v2)
2:  {
3:    vec3 res;
4:    res.x = v1.y*v2.z - v1.z*v2.y;
5:    res.y = v1.z*v2.x - v1.x*v2.z;
6:    res.z = v1.x*v2.y - v1.y*v2.x;
7:    return res;
8:  }
```

解答 12.4

プログラムの一例を以下に示す．3つの vec3 型の変数 a, b, c にそれぞれ第 5, 7, 9 行で値を読み込んでいる．第 10 行で V の計算式の絶対値の内部を問題 12.3 で作成した関数を用いて計算し，第 11 行で絶対値にして第 12 行でその値を表示している．

```
 1:  int main(void)
 2:  {
 3:    vec3 a, b, c;
 4:    printf("ax ay az => ");
 5:    scanf("%f%f%f", &a.x, &a.y, &a.z);
 6:    printf("bx by bz => ");
 7:    scanf("%f%f%f", &b.x, &b.y, &b.z);
 8:    printf("cx cy cz => ");
 9:    scanf("%f%f%f", &c.x, &c.y, &c.z);
10:    float v = inner(a,cross(b,c));
11:    if(v < 0) v = -v;
12:    printf("V = %f\n",v);
13:    return 0;
14:  }
```

第13章

解答 13.1

(a)

```
double x = 3.14;
```

スカラー変数であるから，宣言する変数名に続けて等号と初期化する値を書けばよい.

(b)

```
float xary[2] = {3.14, 2.71};
```

配列であるから初期化する値は波カッコで囲んで書く. `*xary` と `*(xary+1)` はそれぞれ `xary[0]` と `xary[1]` と同じ意味である. また上記の初期化を伴った配列の宣言をする場合，配列の要素数 2 は省略できる.

(c)

```
struct {int a; int b;} sary[2] = {{1, 2}, {1, 2}};
```

構造体の配列の初期化である. 配列の初期化のための波カッコと構造体のまとまりを表す波カッコ

の2つの波カッコを使用して初期化する値を記述する．ただし内側の波カッコはなくてもよい．また配列の要素数も省略可能である．

解答 13.2

(a)　3

初期化の値の数が3であるので，配列の大きさも3になる．

(b)　3

文字列の文字数は2であるが，文字列の終わりを表すNULL文字 (\0) が付加されるので，配列の大きさとしては3になる．

解答 13.3

変数 str はchar型へのポインタであり，変更不可のメモリ領域に格納された文字列定数 "hello" の先頭文字を指している．それを変更しようとしているのでエラーになる．

第14章

解答 14.1

たとえば

```
1:   #include <stdio.h>
2:   EOF
3:   NULL
```

などのソースファイル source.c を作り，

```
$gcc -E source.c
```

として gcc を実行する．すると画面の最後に EOF と NULL が置換された文字列が表示される．置換された結果の一例は以下である．

```
(-1)
((void *)0)
```

なおこのソースファイルはC言語としてのコンパイルはしないので，内容はC言語のプログラムになっていなくても問題はない．

解答 14.2

問題のソースファイルを gcc の-S オプションを用いて処理し，作成されたエクステンションが.sのアセンブラファイルを見てみる．結果は使っているコンピュータによっては異なる場合もあるが，アセンブラファイルに以下の部分が見つかるはずである．

```
1:  movl    $100, -8(%rbp)
2:  movl    -8(%rbp), %eax
3:  addl    $200, %eax
4:  movl    %eax, -4(%rbp)
```

これを解説してみると，第1行のニーモニックに mov という部分が含まれていることから，これはデータの移動 (move) 命令であることが推測される．また-8(%rbp) は変数 i のアドレスである．$100 は定数の 100 であり，この命令で i に 100 を代入している．第2行の %eax は CPU のレジスタである．この命令で i の内容をレジスタにコピーしている．次に第3行のニーモニックに含まれる add から，これは加算命令であることが推測され，ここで定数 200 とレジスタ %eax の内容を加算している．結果は %eax に得られているので，第4行でそれをアドレス-4(%rbp) にある変数 j に格納している．

以上はアセンブラの謎解きの一例である．その他にも単純な C 言語ソースファイル考え，それをアセンブラに変換してみて C プログラムのどの文がどの機械語に変換されているかを推測してみてほしい．なおこのアセンブラ言語は x64 アセンブラの AT&T 構文と呼ばれるものである．より詳しい情報はこのキーワードを用いてインターネットなどで検索してみてほしい．

第15章

解答 **15.1**

(1)，(2) 共に static という語を入れる．

解答 **15.2**

静的変数は初期化の項がなくても 0 に初期化されるからである．ただしその場合でもプログラムコードとしては初期化の項を書いておくことが望ましい．

解答 **15.3**

push 操作ではスタックの現在位置にデータを書き込み，現在位置1つだけ大きい方へ移動させなければならないので (3) には pos++ を入れ，pop 操作では現在の位置の1つだけ小さい位置からデータを読み込み，現在位置を1つ減らしておかなければならないので (4) には --pos を入れる．

解答 **15.4**

ヘッダファイル[4] stack.h では，関数 push と pop のプロトタイプ宣言をしておけばよいので，内容は以下となる．

---

[4] ここで示した stack.h のように，ライブラリを使用する前にインクルードしておくファイルのことヘッダファイル (header file) と呼んでおり，ファイル名のエクステンション .h で表す習わしになっている．

stack.h

```
1:   void push(int);
2:   int pop(void);
```

解答 15.5

ソースファイル stack.c のオブジェクトファイル stack.o を作るには

```
$gcc -c stack.c
```

とする．また main 関数のソースファイル stack-main.c をコンパイルし，オブジェクトファイル stack.o とリンクして実行ファイル stack-main を作るには

```
$gcc -o stack-main stack-main.c stack.o
```

とタイプする．

解答 15.6

関数 stack_error を付け加えたプログラムの一例が以下である．変更点は第5行にエラーを示す変数 err を追加したこと，第12行で関数 push に，第19行で関数 pop にエラーを設定する文を追加したこと，さらに第23行以降にエラーを報告する関数 stack_error を追加したことである．関数 stack_error では現状のエラー状態を返すと共に，さらにこれから起こるかもしれないエラーを検出するために，エラー状態の変数 err をリセットしている．

```
1:   #define MAXLEVEL 100
2:
3:   static int s[MAXLEVEL];
4:   static int pos = 0;
5:   static int err = 0;
6:
7:   void push(int i)
8:   {
9:     if(pos < MAXLEVEL)
10:      s[pos++] = i;
11:    else
12:      err = 1;
13:  }
14:
```

```
15:  int pop(void)
16:  {
17:    if(pos > 0)
18:      return s[--pos];
19:    err = 1;
20:    return 0;
21:  }
22:
23:  int stack_error(void)
24:  {
25:    int err_cur = err;
26:    err = 0;
27:    return err_cur;
28:  }
```

なおこの変更を行った場合，ヘッダファイル stack.h にも関数 stack_error のプロトタイプ宣言を入れておく必要がある．

以上の演習はスタックというデータ構造のライブラリを作る例を通して，ソフトウエアのモジュールを作る手法を示した．ここではスタックを実現している配列 s などの変数は，push 関数などライブラリに属する関数からのみ操作することで状態の整合性を保っている．これは変数のスコープを適切に管理することでこれを可能にしている．この考え方はオブジェクト指向というプログラムの作成法につながるもので，C++ 言語でのクラス (class) というオブジェクトでさらに進化した形で実現されている．

またデータ構造に関しては，スタックと並んで有名な構造に待ち行列 (queue(キュー)) がある．スタックは最初に入れたデータが最後に出てくるので FILO(first in last out) と呼ばれるが，待ち行列は最初に入れたデータが最初に取り出される構造で，FIFO(first in first out) な構造と呼ばれる．本書では扱わないが，待ち行列のライブラリを作成することも良い演習になる．

索 引

著 者 紹 介

太田直哉（おおた　なおや）

1985年　東京工業大学大学院 博士前期課程修了
現　在　群馬大学 情報学部 教授
　　　　群馬大学 次世代モビリティ社会実装研究センター センター長,
　　　　博士（工学）
専　門　情報工学, ロボティクス, 交通システム
主　著　*Performance Characterization and Evaluation of Computer Vision
　　　　Algorithms*（分担執筆, Kluwer Academic Publishers, 2000）
　　　　プロフェッショナル英和辞典 SPED TERRA（分担執筆, 小学館, 2004）

コンピュータの原理から学ぶ
プログラミング言語C
*C Programming Language
Learning with
the Principles of Computers*

2021 年 9 月 30 日　初版 1 刷発行

著　者　太田直哉　© 2021
発行者　南條光章
発行所　**共立出版株式会社**

〒 112-0006
東京都文京区小日向 4-6-19
電話番号　03-3947-2511（代表）
振替口座　00110-2-57035

共立出版（株）ホームページ
www.kyoritsu-pub.co.jp

印　刷　啓文堂
製　本　協栄製本

検印廃止
NDC 007.64
ISBN 978-4-320-12477-6

一般社団法人
自然科学書協会
会員

Printed in Japan

プログラミング言語C

第2版
―ANSI規格準拠―

B.W.カーニハン・D.M.リッチー著／石田晴久訳
A5判・並製・360頁・定価3080円(税込)・ISBN978-4-320-02692-6

＼ C言語のバイブル！ ／

C言語開発者によるC言語の解説書！

1988年末に提出されたC言語のANSI(米国国家標準協会)規格に基づき，全面的に書き直した第2版。プログラミング入門の最初の例題として定番となっている"hello, world"は，本書からの掲載が始まりといわれている。C言語のロングセラーとして今なお輝き続け，C言語に携わる人必携の一冊。

CONTENTS

プログラミング言語C
アンサー・ブック 第2版

クロビス.L.トンド・スコット.E.ギンペル著／矢吹道郎訳
A5判・並製・246頁・定価2750円(税込)・ISBN978-4-320-02748-0

『プログラミング言語C 第2版』に掲載されている問題の解答集

全ての問題の解き方を示しており，本書を通じてC言語の理解を深められる。さらにC言語のプログラミング・テクニックも身につけられる。

（価格は変更される場合がございます）

 共立出版

www.kyoritsu-pub.co.jp
https://www.facebook.com/kyoritsu.pub